职业教育课程改革系列新教材

低压电工作业
——理实一体化教程

主　编　吴云艳　徐　杨
副主编　陈智勇　钟　坚
参　编　蒋娉婷　胡　捷　向　书
　　　　林　剑　梁迈四　莫晓春
主　审　黄东荣

机械工业出版社

本书主要是针对想从事低压电工特种作业，考取低压电工特种作业操作证（含理论上机考试和实训操作）的需求开发编写的。

　　本书主要包括电工入门、机床电气控制线路安装与调试、甲乙两地控制线路安装与调试、接触器互锁正反转控制线路安装与调试、双重互锁正反转控制线路安装与调试、电流互感器过载保护线路安装与调试、带剩余电流断路器的手动丫-△控制线路安装与调试、带单相电度表的荧光灯控制线路安装与调试、两个开关控制一盏灯线路安装与调试、三相有功电度表线路安装与调试、带三相四线有功电度表的荧光灯线路安装与调试11个学习任务。本书突出知识的应用性，遵循"必需、够用"的原则，内容安排从简单到复杂，符合读者的认知规律。

　　本书可作为低压电工特种作业操作证社会培训的培训教材，也可作为中等职业学校电气技术应用、电气运行与控制、供用电技术等电气类专业的教材。

图书在版编目（CIP）数据

低压电工作业：理实一体化教程/吴云艳，徐杨
主编 . —北京：机械工业出版社，2018.9（2024.6 重印）
职业教育课程改革系列新教材
ISBN 978-7-111-60510-2

Ⅰ.①低…　Ⅱ.①吴…　②徐…　Ⅲ.①低电压-
电工-职业教育-教材　Ⅳ.①TM08

中国版本图书馆 CIP 数据核字（2018）第 205198 号

机械工业出版社（北京市百万庄大街22号　邮政编码100037）
策划编辑：赵红梅　责任编辑：赵红梅　张利萍
责任校对：樊钟英　封面设计：马精明
责任印制：刘　媛
涿州市般润文化传播有限公司印刷
2024 年 6 月第 1 版第 6 次印刷
184mm×260mm · 13.5 印张 · 328 千字
标准书号：ISBN 978-7-111-60510-2
定价：45.00 元

电话服务　　　　　　　　网络服务
客服电话：010-88361066　机 工 官 网：www.cmpbook.com
　　　　　010-88379833　机 工 官 博：weibo.com/cmp1952
　　　　　010-68326294　金 书 网：www.golden-book.com
封底无防伪标均为盗版　　机工教育服务网：www.cmpedu.com

前　言

　　本书在形式上兼顾理论和技能，力求有所创新；在内容上贴近职业技能鉴定需求，服务于职业技能鉴定。本书编写过程中始终坚持"实用什么，考什么，编什么"的原则，体现职业教育特色，突出针对性和实用性。

　　本书图文并茂，方便初学者全方位了解低压电工所需要掌握的技能知识，并有针对性地提高学习者的操作能力和应试能力，做到应考时心中有数、有的放矢。

　　本书由吴云艳、徐杨任主编，陈智勇、钟坚任副主编，参与编写的还有蒋娉婷、胡捷、向书、林剑、梁迈四、莫晓春，全书由黄东荣主审。

　　具体编写分工如下：

　　吴云艳编写"学习任务四　接触器互锁正反转控制线路安装与调试"并统稿；

　　徐杨编写"学习任务二　机床电气控制线路安装与调试""学习任务六　电流互感器过载保护线路安装与调试"；

　　陈智勇编写"学习任务八　带单相电度表的荧光灯控制线路安装与调试"；

　　钟坚编写"学习任务三　甲乙两地控制线路安装与调试"；

　　蒋娉婷编写"学习任务五　双重互锁正反转控制线路安装与调试""学习任务十　三相有功电度表线路安装与调试"；

　　胡捷编写"学习任务十一　带三相四线有功电度表的荧光灯线路安装与调试"；

　　林剑、梁迈四共同编写"学习任务九　两个开关控制一盏灯线路安装与调试"；

　　向书编写"学习任务一　电工入门"；

　　徐杨、莫晓春共同编写"学习任务七　带剩余电流断路器的手动丫-△控制线路安装与调试"。

　　编写过程中，编者参阅了国内出版的有关教材和资料，引用了众多电气工作者和电工技师的成功经验，在此向他们表示诚挚的谢意。

　　由于编者水平有限，书中疏漏之处在所难免，敬请广大读者批评指正。

编　者

目 录

学习任务一

电工入门

任务简介

电工作业危险性大，如果操作不当，容易对操作者本人、他人或设备造成伤害，甚至会发生重大伤亡事故。本学习任务主要介绍作为一名合格的电工，在走上工作岗位之前必须掌握的一些理论知识和操作技能。

（1）电工作业人员的基本要求和安全职责。

（2）安全用电与电气消防相关知识。

（3）触电事故及触电急救基础知识。

（4）电工常用工具及仪表的使用方法。

其中，触电急救步骤、电工常用工具及仪表的使用作为本学习任务的重点内容，需要反复操作练习。

任务目标

知识目标：

（1）掌握安全用电与电气消防的相关理论知识。

（2）掌握触电的相关知识以及触电急救的操作步骤。

（3）认识电工相关的常用工具，掌握常用电工仪表的使用方法。

能力目标：

（1）能按照正确的步骤与方法，消除电气火灾。

（2）能根据情况正确进行触电急救。

（3）能正确使用仪表测量线路中的物理量。

素质目标：

养成独立思考和动手操作的习惯，培养小组协调能力和互相学习的精神。

学习活动一　电工作业人员的基本要求和安全职责

一、电工作业人员的基本要求

《特种作业人员安全技术培训考核管理规定》明确规定了电工作业是指对电气设备进行运行、维护、安装、检修、改造、施工、调试等作业（不含电力系统进网作业）。

电工作业人员是指直接从事电工作业的专业人员，包括直接从事电工作业的技术工人、工程技术人员及生产管理人员。

依据《特种作业人员安全技术培训考核管理规定》，特种作业人员应符合下列条件：

（1）年满18周岁，且不超过国家法定退休年龄。

（2）经社区或者县级以上医疗机构体检健康合格，并无妨碍从事相应特种作业的器质性心脏病、癫痫病、美尼尔氏综合征、癔症、震颤麻痹症、精神疾病、痴呆症以及其他疾病和生理缺陷。

（3）具有初中及以上文化程度。

（4）具备必要的安全技术知识与技能。

（5）相应特种作业规定的其他条件。

此外，特种作业人员必须经专门的安全技术培训并考核合格，取得《中华人民共和国特种作业操作证》后，方可上岗作业。

电工作业人员必须符合以上条件和具备以上基本要求，方可从事电工作业。新参加电气工作的人员、实习人员和临时参加劳动的人员，必须经过安全知识教育后，方可参加指定的工作，且不得单独作业。

二、电工作业人员的安全职责

电工是特殊工种，又是危险工种。首先，其作业过程和工作质量不但关系到自身安全，而且关系到他人和周围设施的安全。其次，专业电工工作点分散、工作性质不专一，不便于跟班检查和追踪检查。因此，专业电工必须掌握必要的电气安全技能，具备良好的电气安全意识。

专业电工应当了解生产与安全的辩证统一关系，把生产和安全看作一个整体，充分理解"生产必须安全，安全促进生产"的基本原则，不断提高安全意识。

就岗位安全职责而言，专业电工应做到以下几点：

（1）严格执行各项安全标准、法规、制度和规程，包括各种电气标准、电气安装规范和验收规范、电气运行管理规程、电气安全操作规程及其他有关规定。

（2）遵守劳动纪律，忠于职责，做好本职工作，认真执行电工岗位安全责任制。

（3）正确使用各种工具和劳动保护用品，安全地完成各项生产任务。

（4）努力学习安全规程、电气专业技术和电气安全技术；参加各项有关安全活动；宣传电气安全；参加安全检查，并提出意见和建议等。

专业电工应树立良好的职业道德。除前面提到的忠于职责、遵守纪律、努力学习外，还应注意互相配合，共同完成生产任务。特别注意杜绝以电谋私、制造电气故障等违法行为。

　　培训和考核是提高专业电工安全技术水平，使之获得独立操作能力的基本途径。通过培训和考核，可最大限度地提高专业电工的技术水平和安全意识。

学习活动二　安全用电与电气消防知识

一、安全用电知识

（1）严禁采用一线（相线）一地（大地）安装用电器具。

（2）在一个插座上不可接过多或功率过大的用电器具。

（3）在搬运移动电器时，要先切断电源，不允许拖拉电源来搬移电器。

（4）不能用湿手接触带电器具。

（5）在潮湿环境中使用移动电器，必须采用低压安全电压。

（6）雷雨时，不要靠近高压电杆、铁塔和避雷针的接地导线周围。

（7）要考虑电度表和低压线路的承受能力。

（8）安装电气设备的时候，必须保证质量，并满足安全防火的各项要求。

（9）要使用合格的电气设备，不能使用破损的开关、灯头和破损的电线，电线的接头要按规定连接法牢固连接，并用绝缘胶带包好。

（10）接线桩头、端子接线时要拧紧螺钉，防止因接线松动而造成接触不良。

二、电气火灾和爆炸的原因

1. 电气设备质量问题

（1）电气设备额定值和实际不符。如果误选了假冒伪劣电器，接触端、断路器触点、电线电缆的导电截面积达不到使用要求，容易引起导电部分发热而成为火灾隐患；电器绝缘部分耐压低，容易引起导体绝缘部分击穿，造成短路故障而引发火灾。

（2）成套电气设备内元器件的安全距离达不到要求。成套电气设备内部元器件装配过于密集，达不到元器件散热条件，容易引起部分元器件发热着火而引发火灾。

2. 电气设备安装和使用不当或缺乏维护

（1）接触不良。引起电气设备接触不良的原因有几方面，如安装原因、环境原因等。

（2）过电流。电动机及其拖动设备如果出现轴承卡死、磨损严重等情况，不但会使电动机因过负荷烧毁，而且会使电动机供电线路控制元件因过负荷而发热、绝缘受损甚至短路起火。

（3）设备长时间缺乏维护，巡检不到位，有故障未及时发现并处理，如由于环境有害物质腐蚀老化、人为因素造成的导体绝缘破坏等。

（4）私拉、乱拉电线造成的过负荷或短路。

3. 电气设备设计和选型不当

（1）电线、电缆截面积选择过小，使线路长时间处于过负荷状态。

（2）电气设备容量选择过小。

（3）保护电器的保护定值选择过大或过小，致使被保护设备在故障时不能及时动作切断电源。

（4）开关电器选型不当，本应该选用带灭弧装置的开关却用了不带灭弧装置的开关。

4. 违规操作

（1）带负荷操作隔离开关。

（2）带电维修时，使用工具不当或姿势不正确，不但检修人员有触电危险，而且会造成短路引发火灾。

5. 自然因素

由风雨、雷电、鼠害等自然因素造成线路短路等故障而引发爆炸或火灾。

三、防火与防爆措施

所有防火与防爆措施都用于控制燃烧和爆炸的三个基本条件（易燃易爆物品的存在、与氧化剂混合达到的含量、火源的存在），使之不能同时出现。因此，防火与防爆措施必须是综合性的措施，除了选用合理的电气设备外，还包括保持必要的防火间距、保持电气设备正常运行、保持通风良好、采用耐火设施、装设良好的保护装置等技术措施。

1. 保持防火间距

选择合理的安装位置、保持必要的安全间距是防火与防爆的一项重要措施。为了防止电火花或危险温度引起火灾，开关、插销、熔断器、电热器具、照明器具、电焊设备、电动机等均应根据需要，适当避开易燃物或易燃建筑构件。天车滑触线的下方，不应堆放易燃物品。

10kV及以下的变、配电室不应设在爆炸危险场所的正上方或正下方；变、配电室与爆炸危险场所或火灾危险场所毗邻时，隔墙应由非燃烧材料制成。

2. 保持电气设备正常运行

电气设备运行中产生的火花和危险温度是引起火灾的重要原因。因此，防止出现过大的工作火花，防止温度升高，即保持电气设备的正常运行，这对于防火与防爆也有重要的意义。保持电气设备的正常运行包括保持电气设备的电压、电流、温升等参数不超过允许值，保持电气设备良好的绝缘能力，保持电气连接良好等。

在爆炸危险场所，所用导线的允许载流量不应低于线路熔断器额定电流的1.25倍和断路器长延时过电流脱扣器整定电流的1.25倍。

3. 接地

爆炸危险场所的接地较一般场所要求高，应注意以下几点：

（1）除生产上有特殊要求的以外，一般场所不要求接地的部分仍应接地。例如，在不良导电地面处，交流电压380V及以下、直流电压440V及以下的电气设备正常时不带电的金属外壳，直流电压110V及以下、交流电压127V及以下的电气设备，以及敷设有金属包皮且两端已接地的电缆用的金属构架均应接地。

（2）在爆炸危险场所，6V电压所产生的微弱火花即可能引起爆炸，为此，在爆炸危险场所，必须将所有设备的金属部分、金属管道以及建筑物的金属结构全部接地，并连接成连续整体以保持电流途径不中断；接地干线宜在爆炸危险场所不同方向不少于两处与接地体相连，连接要牢靠，以提高可靠性。

（3）单相设备的中性线（俗称工作零线）应与保护接地线（俗称保护零线）分开，相线和工作零线均应装设短路保护装置，并装设双极开关同时操作相线和工作零线。

（4）在爆炸危险场所，如由不接地系统供电，必须装设能发出信号的绝缘监视装置，使得有一相接地或严重漏电时能自动报警。

四、电气火灾的扑救

电气火灾一般是指由于电气线路、用电设备、器具、供配电设备出现故障释放的热能（如高温、电弧、电火花）以及非故障性释放的能量（如电热器具的炽热表面在具备燃烧条件下引燃本体或其他可燃物），以及由雷电和静电引起的火灾。电气火灾发生后，该如何扑救是本部分重点讲述的内容。

1. 断电后灭火

火灾发生后，电气设备因绝缘损坏而碰壳短路，线路因断线而接地，使正常不带电的金属构架、地面等部位带电，导致因接触电压或跨步电压而发生触电事故。因此，发现火灾时应首先切断电源。切断电源时应注意以下几点：

（1）火灾发生后，由于受潮或烟熏，开关设备的绝缘能力会降低，因此拉闸时应使用绝缘工具操作。

（2）高压设备应先操作油断路器，而不应该先拉隔离开关，防止引起弧光短路。

（3）切断电源的地点要适当，防止影响灭火工作。

（4）剪断电线时，不同相线应在不同部位剪断，防止造成相间短路。剪断空中电线时，剪断位置应选择在电源方向支持物附近，防止电线切断后，线头落地发生触电事故。

（5）带负载线路应先停掉负载，再切断着火现场电源。

2. 带电灭火安全要求

为了争取时间，防止火灾扩大，来不及断电或因生产需要及其他原因不能断电时，则需带电灭火，带电灭火须注意以下几方面：

（1）应按灭火剂的种类选择恰当的灭火器，二氧化碳、二氟一氯一溴甲烷（即1211）、二氟二溴甲烷或干粉灭火器的灭火剂都是不导电的，可用于带电灭火。泡沫灭火器损伤绝缘材料又导电，而且污染严重，故不能用于带电灭火。

（2）用水枪灭火时宜采用喷雾水枪。这种水枪通过水柱的泄漏电流较小，带电灭火比较安全。用普通直流水枪灭火时，为防止经过水柱泄漏的电流通过人体，可以将水枪喷嘴接地（将喷嘴用导线接向接地极或接地网，或接向粗铜线网络鞋套），或要求灭火人员戴绝缘手套和穿绝缘靴或穿均压服进行操作。

（3）人体与带电体之间要保持必要的安全距离。用水灭火时，水喷嘴至带电体的距离：110kV及以下应大于3m。用二氧化碳等不导电的灭火器灭火时，机体、喷嘴至带电体的最小距离：10kV应不小于0.4m，35kV应不小于0.6m。

（4）对架空线路等高空设备进行灭火时，人体位置与带电体之间的仰角不应超过45°，以防导线断路而危及灭火人员的安全。

（5）如遇带电导线断落在地面上，要划出一定范围的警戒区域，以防跨步电压触电。

学习活动三　触电事故及安全急救

一、触电基础知识

按对人体的伤害程度电流可以划分为四个区域：
（1）无反应区（0.1～0.5mA）。
（2）感知电流（0.5～10mA）。
（3）摆脱电流（10～30mA）。
（4）死亡电流（30mA以上）。

二、影响电流对人体伤害程度的几个因素

1. 通过人体电流的大小

通过人体的电流越大，人体的生理反应就越明显，感觉也就越强烈，危险性就越大。

2. 电流通过人体的时间

通电的时间越长，可使人体内能量积累越多，对人体的危害越大。

3. 电流通过人体的部位

电流流过头部，会使人昏迷；电流流过心脏，会引起心脏颤动；电流流过中枢神经系统，会引起呼吸停止、四肢瘫痪等。由此可见，电流流过人体要害部位，对人体有严重的危害。

4. 通过人体电流的频率（30～100Hz）

通过人体的电流中，以工频（50～100Hz）电流对人体危害最严重。由此可见，我国广泛使用的50Hz交流电，虽然对设计电气设备比较合理，但对人体触电的危害不能忽视。

5. 触电者的身体健康状况

电对人体的危害程度与人的身体状况及性别有关，一般来说，女性较男性对电流的刺激更为敏感，感知电流和摆脱电流的能力要低于男性。此外，人体健康状态也是影响触电时受到伤害程度的因素。

6. 人体的电阻

人体对电流有一定的阻碍作用，这种阻碍作用表现为人体电阻，人体电阻主要来自皮肤表层。干燥褶皱的皮肤有着相当高的电阻，但是皮肤潮湿或接触点的皮肤遭到破坏时，电阻就会突然减小，并且人体电阻随着接触电压的升高而迅速下降。

三、触电的形式

因人体接触或接近带电体所引起的局部受伤或死亡的现象称为触电。触电的形式有三种，分别为单相触电、两相触电和跨步电压触电，如图1-3-1所示。

1. 单相触电

指人体的某一部位碰到相线或绝缘性能不好的电气设备外壳时，电流由相线经人体流入

大地的触电现象，如图 1-3-1a 所示。

a) 单相触电

b) 两相触电

c) 跨步电压触电

图 1-3-1 触电的三种形式

2. 两相触电

指人体的不同部位分别接触到同一电源的两根不同相位的相线，电流由一根相线经人体流到另一根相线的触电现象，如图 1-3-1b 所示。

3. 跨步电压触电

指电气设备相线碰壳接地，或带电导线直接触地时，人体虽没有接触带电设备外壳或带电导线，但是跨步行走在电位分布曲线的范围内而造成的触电现象，如图 1-3-1c 所示。

四、电流对人体的伤害类型

电流对人体的伤害有电击和电伤两种类型。

1. 电击

电击指电流通过人体，造成人体内部组织的破坏，使人出现痉挛、窒息、心颤、心搏骤停，乃至死亡的伤害。

2. 电伤

电伤指电流对人体外部造成的局部伤害，包括电弧烧伤、熔化的金属渗入皮肤等伤害。

电击和电伤可能同时发生，这在高压触电事例中是常见的。生产过程中的大量事故证明，绝大部分触电事故都是由电击造成的。

五、触电急救

遇到触电情况，要沉着冷静、迅速果断地采取应急措施。针对不同的伤害情况，应采取相应的急救方法，争分夺秒地抢救，直到医护人员到来。

触电急救的要点是动作迅速、抢救得法、贵在坚持。

急救的步骤主要为脱离电源、救护准备、对症救护、救护实施。

1. 脱离电源的方法

在低压触电中，将触电者脱离带电导体的方法主要有以下五种：

（1）拉：电源开关离触电者近，可立即拉下开关，如图 1-3-2 所示。

（2）切：用电工工具剪断电源线，或切断带电导线，如图 1-3-3 所示。

（3）挑：开关离触电者较远，可用绝缘物挑开电源线，如图 1-3-4 所示。

（4）拽：戴上绝缘手套拽住触电者的衣服，将触电者与带电导体脱离，如图 1-3-5 所示。

图 1-3-2　拉下电源开关

图 1-3-3　切断带电导体

图 1-3-4　挑开电源线

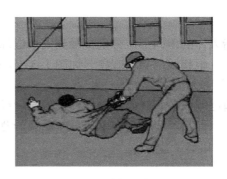

图 1-3-5　拽触电者衣物

（5）垫：救护人员脚下垫上绝缘垫或绝缘木板，将触电者与带电体脱离，如图 1-3-6 所示。

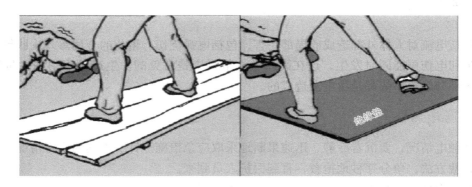

图 1-3-6　救护者垫绝缘物体

高压触电相对较危险，所以在脱离电源的方法上与低压触电有所不同，主要有以下几种：

1）打电话给供电部门，通知停电，如图 1-3-7 所示。

2）用相应绝缘等级的防护用品及用具，拉闸或断开熔断器，如图 1-3-8 所示。

2. 救护前的准备

（1）迅速将触电者移到通风、平坦处平躺。

（2）松开紧身衣裤。

图 1-3-7　通知供电部门停电

图 1-3-8　拉闸或断开熔断器

（3）清理口腔异物（血块、假牙等），使呼吸道畅通。

（4）垫高肩背部，使头后仰，鼻孔朝天，保证呼吸道畅通，有利于气体流通。

（5）查看有无呼吸，用眼观看胸部是否有起伏现象；用轻微物放在鼻孔处看是否飘动。

（6）查有无心跳，将耳朵贴近左胸部听心脏跳动的声音；用手摸颈动脉、股动脉、腕动脉。

3. 对症救护

根据触电者的情况对症选择相应的救护措施，不可盲目进行救护。

（1）清醒：到通风处休息，补充糖水。

（2）昏迷，呼吸心跳存在：让其平躺，严密观察，准备急救，并给予人为刺激，帮助其清醒。

（3）无呼吸，有心跳：采用口对口人工呼吸法。

（4）有呼吸，无心跳：采用胸外心脏按压法。

（5）无呼吸，无心跳：采用交替法。

4. 救护实施

在现场救护实施过程中，不要随意移动触电者，若确实需要移动，抢救中断时间不应超过30s。救护贵在坚持，在医务人员接替之前救护不能终止。

（1）口对口人工呼吸法（无呼吸，有心跳）：单跪一侧，一手捏鼻，一手开口，深吸一口气，紧贴口腔吹气 2s；吹气完毕，立即松开口鼻，让其被动呼气 3s；吹 2s 停 3s，以 5s 为一个周期，每分钟重复 12 次，对小孩吹气力度小些，每分钟重复 18 次。操作步骤如图 1-3-9 所示。

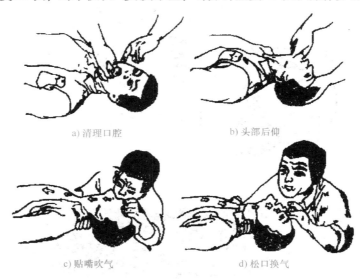

a) 清理口腔　　　　　　　　　　b) 头部后仰

c) 贴嘴吹气　　　　　　　　　　d) 松口换气

图 1-3-9　口对口人工呼吸法

注意：如果发现胃部胀气，用手轻轻向下按压。

（2）胸外心脏按压法（有呼吸，无心跳）：脚跨骑腰两侧，双臂伸直，双掌重叠，掌心位于胸骨中下 1/3 处（从颈窝至心窝处），中指对凹膛用身体重量将掌根垂直向下压，压下 3~4cm，突然放开，手掌不离开胸部，约每秒一次，每分钟重复 60~80 次。操作步骤如图 1-3-10 所示。

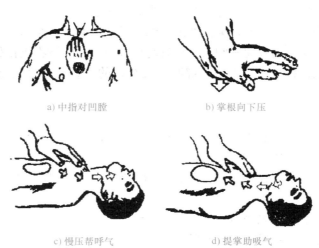

a) 中指对凹膛　　　　　　　　　　b) 掌根向下压

c) 慢压帮呼气　　　　　　　　　　d) 提掌助吸气

图 1-3-10　胸外心脏按压法

注意：如果触电者是小孩，应用单掌或两指压，用力小些，每次压下 2~3cm，每分钟重复 80~100 次。

（3）交替法（无呼吸，无心跳）：清理口腔异物，垫高肩背部；单跪一侧，先找好心脏位置，并做好印记；用口对口人工呼吸法吹一次，迅速用胸外心脏按压法压五次，吹一次压五次交替进行，每分钟交替12～16次，也可以两个人同时配合进行救护实施。操作步骤如图1-3-11所示。

a) 单人实施救护　　　　　　　　　b) 两人同时实施救护

图1-3-11　交替法实施救护

学习活动四　电工工具及仪表使用

一、常用电工工具

1. 验电笔

使用时，必须手指触及笔尾的金属部分，并使氖管小窗背光且面朝自己，以便观测氖管的亮暗程度，防止因光线太强造成误判断。验电笔使用方法如图1-4-1所示。

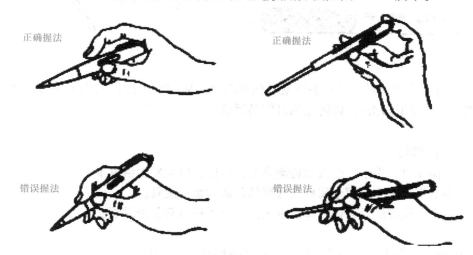

正确握法　　　　　　　　　　　　正确握法

错误握法　　　　　　　　　　　　错误握法

图1-4-1　验电笔的使用方法

当用验电笔测试带电体时，电流经带电体、验电笔、人体及大地形成通电回路，只要带电体与大地之间的电位差超过60V，验电笔中的氖管就会发光。低压验电笔检测的电压范围为60～500V。

注意事项：

（1）使用前，必须在有电源处对验电笔进行测试，以证明该验电笔确实良好，方可使用。

（2）验电时，应使验电笔逐渐靠近被测物体，直至氖管发亮，不可直接接触被测体。

（3）验电时，手指必须触及笔尾的金属体，否则带电体也会误判为非带电体。

（4）验电时，要防止手指触及笔尖的金属部分，以免造成触电事故。

2. 电工刀（图1-4-2）

在使用电工刀时：

（1）不得带电作业，以免触电。

（2）应将刀口朝外剖削，避免伤及手指。

（3）剖削导线绝缘层时，应使刀面与导线成较小的锐角，以免割伤导线。

（4）使用完毕，将刀身折进刀柄。

3. 螺钉旋具（图1-4-3）

使用螺钉旋具时，要遵循以下几点：

（1）螺钉旋具较大时，除大拇指、食指和中指要夹住握柄外，手掌还要顶住柄的末端以防旋转时滑脱。

（2）螺钉旋具较小时，用大拇指和中指夹着握柄，同时用食指顶住柄的末端用力旋动。

图1-4-2 电工刀   图1-4-3 螺钉旋具

（3）螺钉旋具较长时，用右手压紧手柄并转动，同时左手握住其中间部分（不可放在螺钉周围，以免将手划伤），以防止螺钉旋具滑脱。

注意事项：

1）带电作业时，手不可触及螺钉旋具的金属杆，以免发生触电事故。

2）作为电工，不应使用金属杆直通握柄顶部的螺钉旋具。

3）为防止金属杆触及人体或邻近带电体，金属杆应套上绝缘管。

4. 钢丝钳

钢丝钳在电工作业时，用途广泛，其功能主要有以下几种：

（1）钳口可用来弯绞或钳夹导线线头；齿口可用来紧固或起松螺母。

（2）刀口可用来剪切导线或钳削导线绝缘层。

（3）铡口可用来铡切导线线芯、钢丝等较硬线材。

钢丝钳各用途的使用方法如图1-4-4所示。

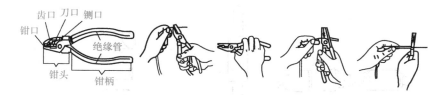

图 1-4-4　钢丝钳的使用方法

 注意事项：

1）使用前，应检查钢丝钳绝缘是否良好，以免带电作业时造成触电事故。

2）在带电剪切导线时，不得用刀口同时剪切不同电位的两根线（如相线与中性线、相线与相线等），以免发生短路事故。

5. 尖嘴钳

尖嘴钳因其头部尖细（图 1-4-5），适合在狭小的工作空间操作。

尖嘴钳可用来剪断较细小的导线；可用来夹持较小的螺钉、螺母、垫圈、导线等；也可用来对单股导线整形（如平直、弯曲等）。若使用尖嘴钳带电作业，应检查其绝缘是否良好，并在作业时使得金属部分不要触及人体或邻近的带电体。

6. 斜口钳

斜口钳专用于剪断各种电线电缆，如图 1-4-6 所示。

对粗细不同、硬度不同的材料，应选用大小合适的斜口钳。

图 1-4-5　尖嘴钳

7. 剥线钳

剥线钳是专用于剥削较细小导线绝缘层的工具，其外形如图 1-4-7 所示。

使用剥线钳剥削导线绝缘层时，先将要剥削的绝缘长度用标尺定好，然后将导线放入相应的刀口中（比导线直径稍大），再用手将钳柄一握，导线的绝缘层即被剥离。

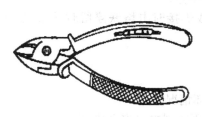

图 1-4-6　斜口钳

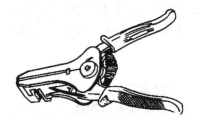

图 1-4-7　剥线钳

8. 电烙铁

电烙铁的结构如图 1-4-8 所示，在焊接前，一般要把焊头的氧化层除去，并用焊剂进行上锡处理，使得焊头的前端经常保持一层薄锡，以防止氧化、减少能耗并保持导热良好。

用电烙铁焊接导线时，必须使用焊料和焊剂。焊料一般为丝状焊锡或纯锡，常见的焊剂有松香、焊膏等。

电烙铁的握法没有统一的规定，以不易疲劳、操作方便为原则，一般有笔握法和拳握法两种，如图 1-4-9 所示。

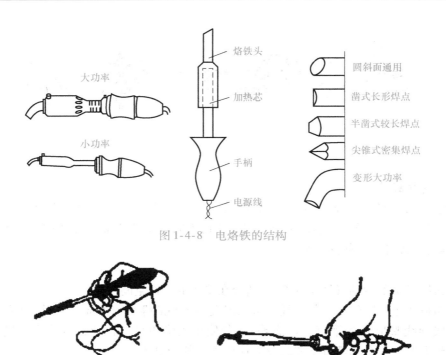

图 1-4-8　电烙铁的结构

a) 笔握法　　　　　　　　　　　　b) 拳握法

图 1-4-9　电烙铁的握法

使用电烙铁焊接时的基本要求：

（1）焊点必须牢固，锡液必须充分渗透，焊点表面光滑有光泽，应防止出现"虚焊""夹生焊"。

（2）产生"虚焊"的原因是因为焊件表面未清除干净或焊剂太少，使得焊锡不能充分流动，造成焊件表面挂锡太少，焊件之间未能充分固定。

（3）造成"夹生焊"的原因是电烙铁温度低或焊接时电烙铁停留时间太短，焊锡未能充分熔化。

注意事项：

1）使用前应检查电源线是否良好，有无被烫坏情况。

2）焊接电子元件（特别是集成块）时，应采用防漏电等安全措施。

3）当焊头因氧化而不"吃锡"时，不可硬烧。

4）当焊头上锡较多不便于焊接时，不可甩锡，不可敲击。

5）焊接较小元件时，时间不宜过长，以免因热损坏元件或绝缘。

6）焊接完毕，应拔去电源插头，将电烙铁置于金属支架上，防止烫伤或发生火灾。

二、常用电工仪表

1. 指针式万用表

指针式万用表的型号繁多，图 1-4-10 所示为常用的 MF47 型万用表的外形，图 1-4-11

所示为常用的 MF47 型万用表的刻度盘。

（1）使用前的检查与调整。

在使用万用表进行测量前，应进行下列检查、调整：

1）外观应完好无损，当轻轻摇晃时，指针应摆动自如。

2）旋动转换开关，应切换灵活无卡阻，档位应准确。

3）水平放置万用表，转动表盘指针下面的机械调零螺钉，使指针对准标度尺左边的 0 位线。

4）测量电阻前应进行电阻调零，每换档一次，都应重新进行电阻调零。即将转换开关置于电阻档的适当位置，两支表笔短接，旋动欧姆调零旋钮，使指针对准欧姆标度尺右边的 0 位线。如指针始终不能指向 0 位线，则应更换电池或检查表笔与万用表是否接触不良。

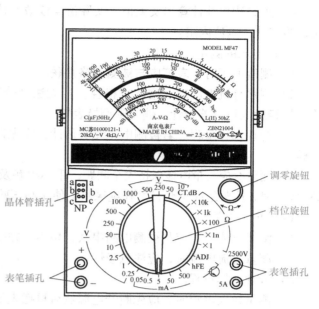

图 1-4-10　MF47 型万用表

5）检查表笔插接是否正确。黑表笔应接"－"或"COM"插孔，红表笔应接"＋"插孔。

6）检查测量机构是否有效，用电阻档，短时碰触两表笔，指针应偏转灵敏。

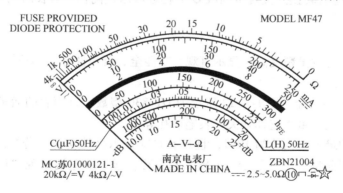

图 1-4-11　MF47 型万用表的刻度盘

（2）直流电阻的测量。

1）首先应断开被测电路的电源及连接导线。若带电测量，将损坏仪表；若直接在线路中测量，将影响测量结果。

2）合理选择量程档位，以指针居中或偏右为最佳。测量半导体器件电阻时，不应选用 $R \times 1$ 档和 $R \times 10k$ 档。

3）测量时表笔与被测电路应接触良好；双手不得同时触及表笔的金属部分，以防将人体电阻并入被测电路造成误差。

4）正确读数并计算出实测值，实际值＝读数×档位。切不可用电阻档直接测量微安表头、检流计、电池内阻。

（3）电压的测量。

1）测量电压时，表笔应与被测电路并联。

2）测量直流电压时，应注意极性。若无法区分正、负极，则先将量程选在较高档位，用表笔轻触电路，若指针反偏，则调换表笔。

3）合理选择量程。若被测电压无法估计，应先选择最大量程，视指针偏摆幅度再进行调整。

4）测量时应与带电体保持安全间距，手不得触及表笔的金属部分。测量高电压（500～2500V）时，应戴绝缘手套且站在绝缘垫上使用高压验电笔进行。

（4）电流的测量。

1）测量电流时，应与被测电路串联，切不可并联！

2）测量直流电流时，应注意极性。

3）合理选择量程。

4）测量较大电流时，应先断开电源然后再撤表笔。

（5）注意事项：

1）测量过程中严禁切换档位。

2）读数时，应三点成一线（眼睛、指针、指针在刻度中的影子）。

3）根据被测对象，正确读取标度尺上的数据，电阻档读数在刻度盘的上方，最右侧为0；电压及电流的读数在刻度盘下方，最左侧为0。

4）测量完毕应将转换开关置空档或OFF档或电压最高档。若长时间不用，应取出内部电池。

2. 数字万用表

数字万用表具有测量精度高、显示直观、功能全、可靠性好、小巧轻便以及便于操作等优点。

（1）面板结构与功能。图1-4-12所示为DT-830型数字万用表的面板图，包括LCD液晶显示器、电源开关、量程选择开关、表笔插孔等。

液晶显示器的最大显示值为1999，且具有自动显示极性功能。若被测电压或电流的极性为负，则显示值前将带"－"号。若输入超量程，显示屏左端出现"1"或"－1"的提示字样。

电源开关（POWER）可根据需要，分别置于"ON"（开）或"OFF"（关）状态。测量完毕，应将其置于"OFF"位置，以免空耗电池。数字万用表的电池盒位于后盖的下方，采用9V叠层电池。电池盒内还装有熔丝管，以起到过载保护作用。旋转式量程开关位于面板中央，用以选择测试功能和量程。

若用万用表内蜂鸣器进行通断检查时，量程开关应停放在标有"⬛"符号的位置。

h_{FE}插口用以测量晶体管的h_{FE}值时，将其B、C、E极对应插入。

输入插口是万用表通过表笔与被测量连接的部位，设有"COM""V·Ω""mA""10A"四个插口。使用时，黑表笔应置于"COM"插孔，红表笔按照被测种类和大小置于

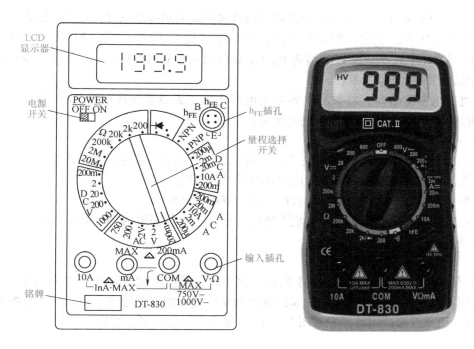

图 1-4-12 DT-830 型数字万用表

"V·Ω""mA"或"10A"插孔。在"COM"插孔与其他三个插孔之间分别标有最大（MAX）测量值，如 10A、200mA、交流 750V、直流 1000V。

（2）使用方法：

1）测量交、直流电压（ACV、DCV）时，红、黑表笔分别接"V·Ω"与"COM"插孔，旋动量程选择开关至合适位置（200mV、2V、20V、200V、750V 或 1000V），红、黑表笔并接于被测电路（若是直流，注意红表笔接高电位端，否则显示屏左端将显示"－"）。此时显示屏显示出被测电压数值。若显示屏只显示最高位"1"，表示溢出，应将量程调高。

2）测量交、直流电流（ACA、DCA）时，红、黑表笔分别接"mA"（大于 200mA 时应接"10A"）与"COM"插孔，旋动量程选择开关至合适位置（2mA、20mA、200mA 或 10A），将两表笔串接于被测回路（直流时，注意极性），显示屏所显示的数值即为被测电流的大小。

3）测量电阻时，无须调零。将红、黑表笔分别插入"V·Ω"与"COM"插孔，旋动量程选择开关至合适位置（200、2k、20k、200k、2M、20M），将两笔表跨接在被测电阻两端（测量前要断开电源，不得带电测量），显示屏所显示数值即为被测电阻的数值。当使用 200MΩ 量程进行测量时，先将两表笔短路，若该数不为零，仍属正常，此读数是一个固定的偏移值，实际数值应为显示数值减去该偏移值。

4）进行二极管和电路通断测试时，红、黑表笔分别插入"V·Ω"与"COM"插孔，旋动量程开关至二极管测试位置。正向情况下，显示屏即显示出二极管的正向导通电压，单位为 mV（锗管应在 200～300mV 之间，硅管应在 500～800mV 之间）；反向情况下，显示屏应显示"1"，表明二极管不导通，否则，表明此二极管反向漏电流大。正向状态下，若显示"000"，则表明二极管短路，若显示"1"，则表明断路。在用来测量线路或器件的通断状态时，若检测的阻值小于30Ω，则表内发出蜂鸣声以表示线路或器件处于导通状态。

5）进行晶体管测量时，旋动量程选择开关至"h$_{FE}$"位置（或"NPN"或"PNP"），将被测晶体管按照 NPN 型或 PNP 型将 B、C、E 极插入相应的插孔中，显示屏所显示的数值即为被测晶体管的"h$_{FE}$"参数。

6）进行电容测量时，将被测电容插入电容插座，旋动量程选择开关至"CAP"位置，显示屏所显示的数值即为被测电荷的电荷量。

（3）注意事项：

1）当显示屏出现"LOBAT"或"←"时，表明电池电压不足，应予更换。

2）若测量电流时，没有读数，应检查熔丝是否熔断。

3）测量完毕，应关闭电源；若长期不用，应将电池取出。

4）不宜在日光及高温、高湿环境下使用与存放（工作温度为 0～40℃，湿度为 80%），使用时应轻拿轻放。

3. 钳形表

（1）使用方法：钳形表主要用于测量交流电流，虽然准确度较低（通常为 2.5 级或 5 级），但因在测量时无须切断电路，因而使用仍很广泛。如需进行交流电流和直流电流的测量，则应选用交直流两用钳形表。图 1-4-13 所示为常用的钳形表结构。

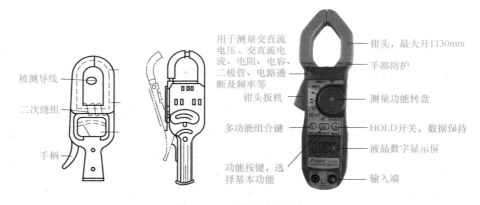

图 1-4-13　钳形表的结构

1）使用钳形表测量前，应先估计被测电流的大小以合理选择量程。

2）使用钳形表时，被测载流导线应放在钳口内的中心位置，以减小误差。

3）钳口的结合面应保持接触良好，若有明显噪声或表针振动厉害，可将钳口重新开合几次或转动手柄。

4）在测量较大电流后，为减小剩磁对测量结果的影响，不应立即测量较小电流，可先把钳口开合数次再测量。

5）测量较小电流时，为使该数较准确，在条件允许的情况下，可将被测导线多绕几圈后再放进钳口进行测量（此时的实际电流值应为仪表的读数除以导线的圈数）。

6）将量程开关转到合适位置，手持胶木手柄，用食指勾紧铁心开关，便于打开铁心。将被测导线从铁心缺口引入到铁心中央，然后放松食指，铁心即自动闭合。被测导线的电流在铁心中产生交变磁通，表内感应出电流，即可直接读数。

（2）注意事项：

1）使用前应检查外观是否良好，绝缘有无破损，手柄是否清洁、干燥。

2）测量时应戴绝缘手套或干净的线手套，并注意保持安全间距。

3）测量过程中严禁切换档位。

4）钳形表只能用来测量低压系统的电流，被测线路的电压不能超过钳形表所规定的使用电压。

5）每次测量只能钳入一根导线。

6）若不是特别必要，一般不测量裸导线的电流。

7）测量完毕应将量程开关置于最大档位，以防下次使用时，因疏忽大意而造成仪表的意外损坏。

8）在较小空间内（如配电箱等）测量时，要防止因钳口的张开而引起相间短路。

4. 绝缘电阻表（图1-4-14）

（1）选用：绝缘电阻表的选用主要考虑两个方面，一是电压等级；二是测量范围。

测量额定电压在500V以下的设备或线路的绝缘电阻时，可选用500V或1000V的绝缘电阻表；测量额定电压在500V以上的设备或线路的绝缘电阻时，可选用1000～2500V的绝缘电阻表；测量瓷绝缘子时，应选用2500～5000V的绝缘电阻表。

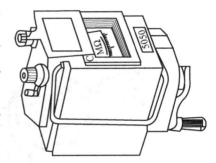

图1-4-14　绝缘电阻表

绝缘电阻表测量范围的选择主要考虑两点：一方面，测量低压电气设备的绝缘电阻时可选用0～200MΩ的绝缘电阻表，测量高压电气设备或电缆时可选用0～2000MΩ的绝缘电阻表；另一方面，因为有些绝缘电阻表的起始刻度不是0，而是1MΩ或2MΩ，这种仪表不宜用来测量处于潮湿环境中的低压电气设备的绝缘电阻，因其绝缘电阻可能小于1MΩ，会造成仪表上无法读数或读数不准确。

（2）使用方法：绝缘电阻表上有三个接线柱，两个较大的接线柱上分别标有E（接地）、L（线路），另一个较小的接线柱上标有G（屏蔽）。L接被测设备或线路的导体部分，E接被测设备或线路的外壳或大地，G接被测对象的屏蔽环（如电缆壳芯之间的绝缘层上）或不需测量的部分。绝缘电阻表的两种常见接线方法如图1-4-15a、b所示。

1）测量前，要先切断被测设备或线路的电源，并将其导电部分对地进行充分放电。用绝缘电阻表测量过的电气设备，也必须进行接地放电，才可再次测量或使用。

其次，要先检查仪表是否完好：将接线柱L、E分开，由慢到快摇动手柄约1min，使绝缘电阻表内发电机转速稳定（约120r/min），指针应指在"∞"处；再将L、E短接，缓慢摇动手柄，指针应指在"0"处。

2）测量时，绝缘电阻表应水平放置平稳。测量过程中，以120r/min的速度摇动手柄，观察并记录读数。不可用手去触及被测物的测量部分，以防触电。

绝缘电阻表的操作方法如图1-4-16所示。

（3）注意事项：

1）仪表与被测物之间的连接导线应采用绝缘良好的多股铜芯软线，而不能用双股绝缘线或绞线，且连接线不得绞在一起，以免造成测量数据不准确。

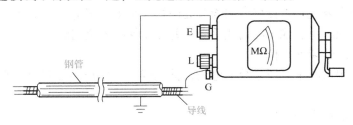

a) 绝缘电阻表常见的接线方式一

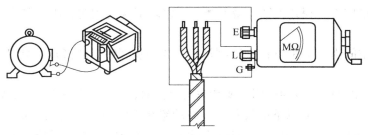

b) 绝缘电阻表常见的接线方式二

图 1-4-15　绝缘电阻表的使用方法

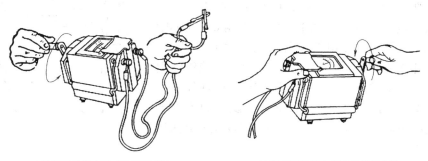

a) 校试时绝缘电阻表的操作方法　　　　b) 测量时绝缘电阻表的操作方法

图 1-4-16　绝缘电阻表的操作方法

2）手摇发电机要保持匀速，不可忽快忽慢使指针不停地摆动。

3）测量过程中，若发现指针为指在零位，说明被测物的绝缘层可能击穿短路，此时应停止继续摇动手柄。

<h2 style="text-align:center">学习活动五　小组互评</h2>

学习本学习任务前面几个学习活动后，主要应掌握触电急救方法与步骤、电工常用仪表的使用方法等。根据评分标准（见表 1-5-1），让学生从学生的角度互评，通过评分看到别人的优点和自己的不足。

表 1-5-1 评分标准

考核工时：45min   总分：

序号	项　目	考核要求	配分	扣分	说明
1	万用表的使用	正确使用万用表，否则扣5分/项： 1. 使用前要调零 2. 测试前要选用正确档位 3. 使用后要拨至规定档位			
2	绝缘电阻表的使用	正确判别绝缘等级，否则扣20分/项： 1. 判别电动机的相间绝缘 2. 判别电动机的对地绝缘			
3	钳形表的使用	正确测量线路中的电流，否则扣25分	100		
4	触电急救：救护前的准备	1. 松开紧身衣裤，要求动作正确，否则扣3分 2. 清理口腔异物，要求动作正确，否则扣3分 3. 垫高肩背部，要求动作正确，否则扣5分 4. 检查有无呼吸，要求动作正确，否则扣3分/次 5. 检查有无心跳，要求动作正确，否则扣3分/次			
5	触电急救：救护实施	1. 对症救护，否则扣20分 2. 口对口人工呼吸操作，要求动作正确，否则扣3分/次 3. 胸外心脏按压法操作，要求动作正确，否则扣3分/次 4. 交替法操作，要求动作正确，否则扣3分/次			

学习活动六　理论考点测验

测验时间：60min   得分：＿＿＿＿＿

[判断题] 1. 为了防止电气火花、电弧等引燃爆炸物，应选用防爆电气级别和温度组别与环境相适应的防爆电气设备。（1.0分）

○对　　　　　　　　　　○错

[判断题] 2. 旋转电器设备着火时不宜用干粉灭火器灭火。（1.0分）

○对　　　　　　　　　　○错

[判断题] 3. 电气设备缺陷、设计不合理、安装不当等都是引发火灾的重要原因。（1.0分）

○对　　　　　　　　　　○错

[判断题] 4. 断路器具有过载、短路和欠电压保护功能。（1.0分）

○对　　　　　　　　　　○错

[判断题] 5. 组合开关用于直接控制电动机时，要求其额定电流可取电动机额定电流的2～3倍。（1.0分）

○对　　　　　　　　　　○错

［判断题］6. 熔体的额定电流不可大于熔断器的额定电流。（1.0分）

　○对　　　　　　　　○错

［判断题］7. 中间继电器的动作值与释放值可调节。（1.0分）

　○对　　　　　　　　○错

［判断题］8. 频率的自动调节补偿是热继电器的一个功能。（1.0分）

　○对　　　　　　　　○错

［判断题］9. 开启式开关熔断器组（俗称胶壳开关）不适合用于直接控制 5.5kW 以上的交流电动机。（1.0分）

　○对　　　　　　　　○错

［判断题］10. 交流接触器的额定电流是在额定的工作条件下所决定的电流值。（1.0分）

　○对　　　　　　　　○错

［判断题］11. 热继电器的双金属片弯曲的速度与电流大小有关，电流越大，速度越快，这种特性称为正比时限特性。（1.0分）

　○对　　　　　　　　○错

［判断题］12. 隔离开关用于承担接通和断开电流任务，将电路与电源隔开。（1.0分）

　○对　　　　　　　　○错

［判断题］13. 热继电器是利用双金属片受热弯曲而推动触点动作的一种保护电器，它主要用于线路的速断保护。（1.0分）

　○对　　　　　　　　○错

［判断题］14. 30～40Hz 的电流危险性最大。（1.0分）

　○对　　　　　　　　○错

［判断题］15. 脱离电源后，触电者神志清醒，应让触电者来回走动，加强血液循环。（1.0分）

　○对　　　　　　　　○错

［判断题］16. 按照通过人体电流的大小及人体反应状态的不同，可将电流划分为感知电流、摆脱电流和室颤电流。（1.0分）

　○对　　　　　　　　○错

［判断题］17. 用钳形表测量电动机空转电流时，不需要档位变换可直接进行测量。（1.0分）

　○对　　　　　　　　○错

［判断题］18. 使用万用表电阻档能够测量变压器的线圈电阻。（1.0分）

　○对　　　　　　　　○错

［判断题］19. 使用绝缘电阻表前不必切断被测设备的电源。（1.0分）

　○对　　　　　　　　○错

［判断题］20. 测量电流时应把电流表串联在被测电路中。（1.0分）

　○对　　　　　　　　○错

［判断题］21. 电流的大小用电流表来测量，测量时将其并联在电路中。（1.0分）

　○对　　　　　　　　○错

［判断题］22. 电压的大小用电压表来测量，测量时将其串联在电路中。（1.0分）

○对　　　　　　　　　○错

[判断题] 23. 交流钳形表可测量交直流电流。(1.0分)

○对　　　　　　　　　○错

[判断题] 24. 当电容器测量时万用表指针摆动后停止不动，说明电容器短路。(1.0分)

○对　　　　　　　　　○错

[判断题] 25. 检查电容器时，只要检查电压是否符合要求即可。(1.0分)

○对　　　　　　　　　○错

[判断题] 26. 补偿电容器的容量越大越好。(1.0分)

○对　　　　　　　　　○错

[判断题] 27. 特种作业人员必须年满20周岁，且不超过国家法定退休年龄。(1.0分)

○对　　　　　　　　　○错

[判断题] 28. 取得高级电工证的人员就可以从事电工作业。(1.0分)

○对　　　　　　　　　○错

[判断题] 29. 特种作业操作证每一年由考核发证部门复审一次。(1.0分)

○对　　　　　　　　　○错

[判断题] 30. 停电作业安全措施按保安作用依据安全措施分为预见性措施和防护措施。(1.0分)

○对　　　　　　　　　○错

[判断题] 31. 验电是保证电气作业安全的技术措施之一。(1.0分)

○对　　　　　　　　　○错

[判断题] 32. 常用绝缘安全防护用具有绝缘手套、绝缘靴、绝缘隔板、绝缘垫、绝缘站台等。(1.0分)

○对　　　　　　　　　○错

[判断题] 33. 使用直梯作业时，梯子放置与地面呈50°左右为宜。(1.0分)

○对　　　　　　　　　○错

[判断题] 34. 可以用相线碰地线的方法检查地线是否接地良好。(1.0分)

○对　　　　　　　　　○错

[判断题] 35. 电子镇流器的功率因数高于电感式镇流器。(1.0分)

○对　　　　　　　　　○错

[判断题] 36. 不同电压的插座应有明显区别。(1.0分)

○对　　　　　　　　　○错

[判断题] 37. 剩余电流断路器跳闸后，允许采用分路停电再送电的方式检查线路。(1.0分)

○对　　　　　　　　　○错

[判断题] 38. 用验电笔检查时，验电笔发光就说明线路一定有电。(1.0分)

○对　　　　　　　　　○错

[判断题] 39. 低压验电笔可以验出500V以下的电压。(1.0分)

○对　　　　　　　　　○错

[判断题] 40. 锡焊晶体管等弱电元器件应用100W的电烙铁。(1.0分)

○对　　　　　　　　○错

[判断题] 41. 手持式电动工具的接线可以随意加长。(1.0分)

○对　　　　　　　　○错

[判断题] 42. 移动电气设备可以参考手持电动工具的有关要求进行使用。(1.0分)

○对　　　　　　　　○错

[判断题] 43. 电工钳、电工刀、螺钉旋具是常用的电工基本工具。(1.0分)

○对　　　　　　　　○错

[判断题] 44. 导线接头位置应尽量在绝缘子固定处,以方便统一扎线。(1.0分)

○对　　　　　　　　○错

[判断题] 45. 低压绝缘材料的耐压等级一般为500V。(1.0分)

○对　　　　　　　　○错

[判断题] 46. 为了安全,高压线路通常采用绝缘导线。(1.0分)

○对　　　　　　　　○错

[判断题] 47. 截面积较小的单股导线平接时可采用绞接法。(1.0分)

○对　　　　　　　　○错

[判断题] 48. 电缆保护层的作用是保护电缆。(1.0分)

○对　　　　　　　　○错

[判断题] 49. 在选择导线时必须考虑线路投资,但导线截面积不能太小。(1.0分)

○对　　　　　　　　○错

[判断题] 50. 雷电后造成架空线路产生高电压冲击波,这种雷电称为直击雷。(1.0分)

○对　　　　　　　　○错

[判断题] 51. 雷雨天气,即使在室内也不要修理家中的电气线路、开关、插座等。如果一定要修理,应把家中电源总开关断开。(1.0分)

○对　　　　　　　　○错

[判断题] 52. 雷电按其传播方式可分为直击雷和感应雷两种。(1.0分)

○对　　　　　　　　○错

[判断题] 53. 对于容易产生静电的场所,应保持地面潮湿,或者铺设导电性能较好的地板。(1.0分)

○对　　　　　　　　○错

[判断题] 54. 正弦交流电的周期与角频率的关系是互为倒数的。(1.0分)

○对　　　　　　　　○错

[判断题] 55. 并联电路中各支路上的电流不一定相等。(1.0分)

○对　　　　　　　　○错

[判断题] 56. 在三相交流电路中,负载为三角形联结时,其相电压等于三相电源的线电压。(1.0分)

○对　　　　　　　　○错

[判断题] 57. 磁力线是一种闭合曲线。(1.0分)

○对　　　　　　　　○错

[判断题] 58. 当导体温度不变时,通过导体的电流与导体两端的电压成正比,与其电

阻成反比。(1.0分)

○对　　　　　　　　　○错

[判断题] 59. 符号"A"表示交流电源。(1.0分)

○对　　　　　　　　　○错

[判断题] 60. 带电动机的设备在电动机通电前要检查电动机的辅助设备和安装底座、接地等，正常后再通电使用。(1.0分)

○对　　　　　　　　　○错

[判断题] 61. 改变转子电阻调速这种方法只适用于绕线转子异步电动机。(1.0分)

○对　　　　　　　　　○错

[判断题] 62. 电动机在检修后，经各项检查合格后，就可对电动机进行空载试验和短路试验。(1.0分)

○对　　　　　　　　　○错

[判断题] 63. 在电气原理图中，当触点图形垂直放置时，以"左开右闭"原则绘制。(1.0分)

○对　　　　　　　　　○错

[判断题] 64. 对电动机各绕组进行绝缘检查时，如测出绝缘电阻不合格，不允许通电运行。(1.0分)

○对　　　　　　　　　○错

[判断题] 65. 电气控制系统图包括电气原理图和电气安装图。(1.0分)

○对　　　　　　　　　○错

[判断题] 66. RCD（Residual Current Device，剩余电流装置）的额定动作电流是指能使 RCD 动作的最大电流。(1.0分)

○对　　　　　　　　　○错

[判断题] 67. RCD（Residual Current Device，剩余电流装置）后的中性线可以接地。(1.0分)

○对　　　　　　　　　○错

[判断题] 68. 剩余电流动作保护装置主要用于1000V以下的低压系统。(1.0分)

○对　　　　　　　　　○错

[判断题] 69. 变配电设备应有完善的屏护装置。(1.0分)

○对　　　　　　　　　○错

[单选题] 70. 电气火灾发生时，应先切断电源再扑救，但不知或不清楚开关在何处时，应剪断电线，剪切时要（　　　　）。(1.0分)（请在正确选项○中打钩）

○几根线迅速同时剪断

○不同相线在不同位置剪断

○在同一位置一根一根剪断

[单选题] 71. 非自动切换电器是依靠（　　　　）直接操作来进行工作的。(1.0分)

○外力（如手控）　　　○电动　　　　　　　　○感应

[单选题] 72. 组合开关用于电动机可逆控制时，（　　　　）允许反向接通。(1.0分)

○不必在电动机完全停转后就

○可在电动机停后就

○必须在电动机完全停转后才

[单选题] 73. 低压电器可以为低压配电电器和（　　）电器。（1.0分）

○低压控制　　　　　　　○电压控制　　　　　　　○低压电动

[单选题] 74. 电压继电器使用时其吸引线圈直接或通过电压互感器（　　）在被控电路中。（1.0分）

○并联　　　　　　　　　○串联　　　　　　　　　○串联或并联

[单选题] 75. 电流从左手到双脚引起心室颤动效应，一般认为通电时间与电流的乘积大于（　　）mA·s 时就有生命危险。（1.0分）

○16　　　　　　　　　　○30　　　　　　　　　　○50

[单选题] 76. 当电气设备发生接地故障时，接地电流通过接地体向大地流散，若人在接地短路点周围行走，其两脚间的电位差引起的触电叫（　　）触电。（1.0分）

○单相　　　　　　　　　○跨步电压　　　　　　　○感应电

[单进题] 77. 钳形表由电流互感器和带（　　）的磁电系表头组成。（1.0分）

○测量电路　　　　　　　○整流装置　　　　　　　○指针

[单选题] 78. 用钳形表测量电流时，可以在（　　）电路的情况下进行。（1.0分）

○断开　　　　　　　　　○短接　　　　　　　　　○不断开

[单选题] 79. 万用表电压量程 2.5V 是当指针指在（　　）位置时电压值为 2.5V。（1.0分）

○1/2 量程　　　　　　　○满量程　　　　　　　　○2/3 量程

[单选题] 80. 电容量的单位是（　　）。（1.0分）。

○F　　　　　　　　　　○var　　　　　　　　　○A·h

[单选题] 81. 装设接地线时，当检验明确无电压后，应立即将检修设备接地并（　　）短路。（1.0分）

○单相　　　　　　　　　○两相　　　　　　　　　○三相

[单选题] 82. （　　）可用于操作高压跌落式熔断器、单极隔离开关及装设临时接地线等。（1.0分）

○绝缘手套　　　　　　　○绝缘鞋　　　　　　　　○绝缘棒

[单选题] 83. 登杆前，应对脚扣进行（　　）。（1.0分）

○人体静载荷试验

○人体载荷冲击试验

○人体载荷拉伸试验

[单选题] 84. 暗装的开关及插座应有（　　）。（1.0分）

○明显标志　　　　　　　○盖板　　　　　　　　　○警示标志

[单选题] 85. 线路单相短路是指（　　）。（1.0分）

○功率太大　　　　　　　○电流太大　　　　　　　○零相线直接接通

[单选题] 86. 墙边开关安装时距离地面的高度为（　　）m。（1.0分）

○1.3　　　　　　　　　　○1.5　　　　　　　　　○2

[单选题] 87. Ⅱ类手持电动工具是带有（　　）绝缘的设备。（1.0分）

○基本　　　　　　　○防护　　　　　　　○双重

[单选题] 88. 导线接头的机械强度不小于原导线机械强度的（　　　）%。(1.0分)

○80　　　　　　　　○90　　　　　　　　○95

[单选题] 89. 热继电器的整定电流为电动机额定电流的（　　　）%。(1.0分)

○100　　　　　　　○120　　　　　　　○130

[单选题] 90. 低压线路中的中性线采用的颜色是（　　　）。(1.0分)

○深蓝色　　　　　　○淡蓝色　　　　　　○黄绿双色

[单选题] 91. 为避免高压变配电站遭受直击雷，引发大面积停电事故，一般可用（　　　）来防雷。(1.0分)

○接闪杆　　　　　　○阀型避雷器　　　　○接闪网

[单选题] 92. 交流电路中电流比电压滞后90°，该电路属于（　　　）电路。(1.0分)

○纯电阻　　　　　　○纯电感　　　　　　○纯电容

[单选题] 93. 交流电路中电流比电压滞后90°，该电路属于（　　　）电路。(1.0分)

○纯电阻　　　　　　○纯电感　　　　　　○纯电容

[单选题] 94. 下列电工元件符号中属于电容器的电工符号是（　　　）。(1.0分)

○—▷|—　　　　　　○—+|—　　　　　　○—▭—

[单选题] 95. 安培定则也叫（　　　）。(1.0分)

○左手定则　　　　　○右手定则　　　　　○右手螺旋法则

[单选题] 96. 对电动机各绕组的绝缘检查要求是，电动机每1kV工作电压，绝缘电阻（　　　）。(1.0分)

○小于0.5MΩ　　　　○大于或等于1MΩ　　○等于0.5MΩ

[单选题] 97. 电动机在额定工作状态下运行时，（　　　）的机械功率叫额定功率。(1.0分)

○允许输入　　　　　○允许输出　　　　　○推动电动机

[单选题] 98. 笼型异步电动机常用的减压起动有（　　　）起动、自耦变压器减压起动、星-三角减压起动。(1.0分)

○转子串电阻　　　　○串电阻减压　　　　○转子串频敏

[单选题] 99. 新装和大修后的低压线路和设备，要求绝缘电阻不低于（　　　）MΩ。(1.0分)

○1　　　　　　　　　○0.5　　　　　　　○1.5

[单选题] 100. PE线或PEN线上除工作接地外其他接地点的再次接地称为（　　　）接地。(1.0分)

○间接　　　　　　　○直接　　　　　　　○重复

学习任务二

机床电气控制线路安装与调试

▶ 任务简介

根据图 2-1 给出的电气原理图对线路进行安装和调试，要求在规定时间内完成安装、调试，并交给指导教师验收。

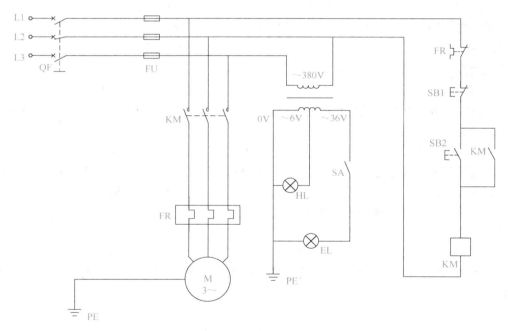

图 2-1　机床电气控制线路原理图

▶ 任务目标

知识目标：

（1）掌握三相电源、低压断路器和变压器的结构、用途及工作原理和选用原则。

（2）正确理解机床电气控制线路的工作原理。

（3）能正确识读机床电气控制线路的原理图、接线图和布置图。

能力目标：

（1）会按照工艺要求正确安装机床电气控制线路。

（2）初步掌握三相笼型异步电动机单方向控制电路中的低压电器选用与简单检修方法。

素质目标：

养成独立思考和动手操作的习惯，培养小组协调能力和互相学习的精神。

学习活动一　电工理论知识

一、三相电源（图2-1-1）

常见供电方式：将三相发电机中三相绕组的末端 U2、V2、W2 连接在一起，成为一个公共点，始端 U1、V1、W1 引出作输出线，这种连接方式称为星形联结，用丫表示。从三个线圈始端 U1、V1、W1 引出的三根线称为相线或端线（俗称火线），用 L1、L2、L3 表示，并分别用黄、绿、红三种颜色作为标志色。三个线圈的末端连接在一起，成为一个公共点，称为中性点（简称中点），

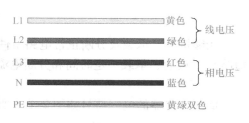

图 2-1-1　三相电源示意图

用 N 表示；从中性点引出的输电线称为中性线（简称中线）。中性线通常与大地相接，并把接地的中性点称为零点，而把接地的中性线又称为零线。工程上，零线或中性线所用导线一般为蓝色或黑色。有时为了简便，常不画发电机的线圈连接方式，只画四根输电线表示相序，如图 2-1-2 所示。

采用三根相线和一根中性线的输电方式称为三相四线制供电。目前在低压供电系统中多数采用三相四线制供电。

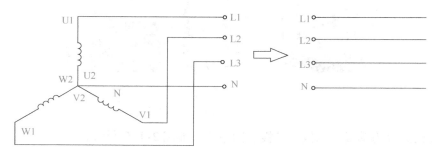

图 2-1-2　三相四线制供电

三相五线制是在三相四线制的基础上，另增加一根专用保护线，称为保护接地线（俗称保护零线），与接地网相连从而更好地起到保护作用（图 2-1-3）。保护接地线一般用绿-黄相间色作为标志色，用 PE 表示。相应地，原三相四线制中的中性线俗称为工作零线，用 N 表示。工作生活中日常使用的单相交流电都是由三相五线制得来的。其中，取三条相线中的一条为相线，同时保留工作零线和保护零线。

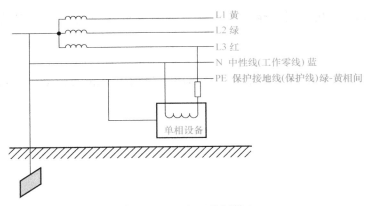

图 2-1-3　三相五线制供电

二、低压断路器

能够接通、承载及分断正常电路条件下的电流，也能在规定的非正常电路条件（过载、短路）下接通、承载一定时间和分断电流的开关电器。

1. 低压断路器符号

低压断路器的电气符号如图 2-1-4 所示。

2. 低压断路器的作用

低压断路器主要对线路具有短路保护、过载保护、失（欠）电压保护、剩余电流保护等。

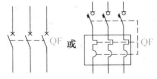

图 2-1-4　低压断路器符号

3. 低压断路器的分类

（1）按结构形式可分为塑壳式、万能式、剩余电流保护式、限流式、直流快速、灭磁式等，如图 2-1-5 所示。

　　a) 万能式断路器　　　　b) 塑壳式断路器　　　　c) 剩余电流断路器

图 2-1-5　不同结构形式的断路器

（2）按极数分为单极、二极、三极、四极式，如图 2-1-6 所示。

4. 低压断路器的结构原理图

低压断路器的结构原理图如图 2-1-7 所示。

5. 低压断路器的工作原理

如图 2-1-7 所示，主触点 1 串联在被控制的电路中。将操作手柄扳到合闸位置时，锁钩 3 勾住锁键 2，主触点 1 闭合，电路接通。由于触点的连杆被锁钩 3 锁住，使触点保持闭合状态，同时分断弹簧 13 被拉长，为分断做准备。瞬时过电流脱扣器（磁脱扣）12 的线圈串联于主电路，当电流为正常值时，衔铁吸力不够，处于打开位置。

图 2-1-6 不同极数的断路器

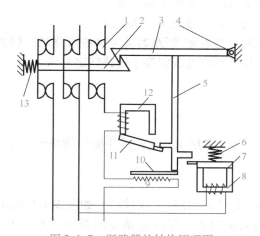

图 2-1-7 断路器的结构原理图

1—主触点 2—锁键 3—锁钩 4—活动点 5—脱扣杠杆 6—复位弹簧 7—衔铁 8—欠电压脱扣器
9—发热元件 10—双金属片 11—衔铁 12—过电流脱扣器 13—分断弹簧

瞬时过电流或短路保护：当电路电流超过规定值时，电磁吸力增加，衔铁 11 吸合，通过脱扣杠杆 5 使锁钩 3 脱开，主触点在分断弹簧 13 的作用下切断电路。

欠电压和失电压保护：当电路失电压或电压过低时，欠电压脱扣器 8 的衔铁 7 释放，同样由脱扣杠杆 5 使锁钩 3 脱开。

过载（过电流）保护：当电源恢复正常时，必须重新合闸后才能工作。长时间过载使得过电流脱扣器的双金属片（热脱扣）10 弯曲，同样由脱扣杠杆 5 使锁钩 3 脱开。

6. 低压断路器的型号及意义

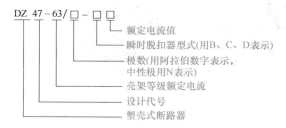

例如：DZ47LE-32 C16 的含义如下：

DZ47：小型塑壳式断路器；

LE：带剩余电流保护功能；

32：壳架等级（这种外壳最多能承受 32A 电流）；

C16（额定电流为 16A）。

7. 低压断路器的选用原则

额定电流在 600A 以下，且短路电流不大时，可选用塑壳式断路器；额定电流较大，短路电流亦较大时，应选用万能式断路器。

一般选用原则如下：

（1）断路器额定电流≥负载工作电流。

（2）断路器额定电压≥电源和负载的额定电压。

（3）断路器脱扣器额定电流≥负载工作电流。

（4）断路器极限通断能力≥电路最大短路电流。

（5）线路末端单相对地短路电流/断路器瞬时（或短路时）脱扣器整定电流≥1.25。

（6）断路器欠电压脱扣器额定电压应等于线路额定电压。

三、变压器

1. 变压器的作用

常见变压器的外形如图 2-1-8 所示，它们的主要功能是改变电流、变换阻抗，还可改变交流电压值。

2. 变压器的基本结构

变压器的主要组成部分是铁心和绕组（线圈），如图 2-1-9 所示。

（1）铁心：变压器的磁路通道，同时也是变压器的骨架。为了减小涡流和磁滞损耗，铁心通常由磁导率较高又相互绝缘的薄硅钢片叠合而成。

（2）绕组：变压器的电路部分。由绝缘良好的漆包线或纱包线绕制而成。工作时与电源相连的绕组称为一次绕组，与负载相连的绕组称为二次绕组。

根据绕组和铁心的安装位置不同，变压器分为心式和壳式两种。

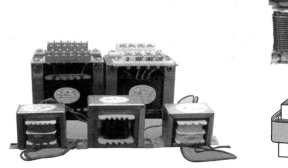

图 2-1-8 常见的变压器

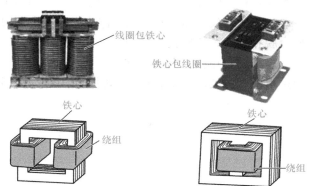

图 2-1-9 变压器的结构示意图

3. 变压器的电气符号及实物图

变压器的电气符号及实物图如图 2-1-10 所示。

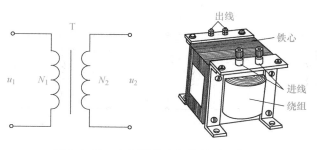

图 2-1-10 变压器的电气符号及实物图

4. 变压器的工作原理

变压器的工作原理图如图 2-1-11 所示，一次绕组接上交流电源→交流电流通过铁心→在铁心中产生交变磁通→交变磁通在闭合磁路中同时穿过一次绕组和二次绕组→二次绕组中产生互感电动势，如果二次绕组接有负载构成闭合回路，就有感应电流流过负载。

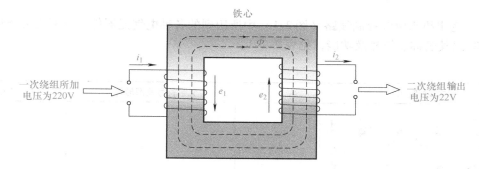

图 2-1-11 变压器的工作原理图

5. 变压器的电压比及分类

忽略绕组电阻和各种电磁能量损耗的变压器称为理想变压器，理想变压器的一、二次绕组匝数之比数值上也等于一、二次绕组上端电压之比，称为变压器的电压比，用 K 表示，即

$$\frac{U_1}{U_2} = \frac{N_1}{N_2} = K$$

变压器工作时电量不增加。所以根据能量守恒定律，理想变压器的输出功率等于从电源获得的功率，即有

$$U_1 I_1 = U_2 I_2$$

可得

$$\frac{I_1}{I_2} = \frac{U_2}{U_1} = \frac{N_2}{N_1}$$

变压器工作时，一、二次绕组中的电流与匝数成反比。

根据变压器的电压比，可以将变压器分为减压变压器、升压变压器、隔离变压器，如图 2-1-12 所示。

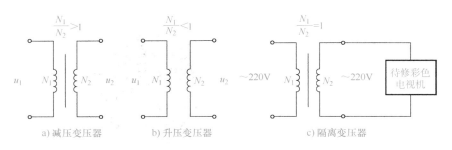

a) 减压变压器　　　　b) 升压变压器　　　　c) 隔离变压器

图 2-1-12　变压器的分类

学习活动二　安装前的准备

一、认识元器件

（1）选出机床电气控制线路（图2-1）中所用到的各种电气元器件，查阅相关资料，对照图片写出其名称、符号及功能，见表2-2-1。

表 2-2-1　元器件明细表

实 物 照 片	名 称	文字符号及图形符号	功能与用途

（续）

实物照片	名　称	文字符号及图形符号	功能与用途

（2）通过观察电动机实物或模型可以发现，电动机定子绕组的接线通常有星形和三角形两种不同的接法。根据图 2-2-1 和图 2-2-2 所示将接线盒中的接线补充完整，并回答问题。

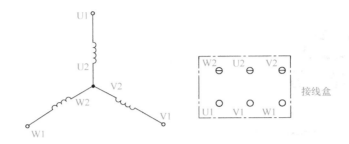

图 2-2-1　三相异步电动机的绕组星形联结

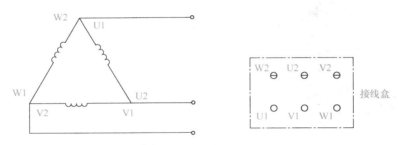

图 2-2-2　三相异步电动机的绕组三角形联结

1）定子绕组为星形联结，此时每相绕组的电压是线电压的_____倍。

2）定子绕组为三角形联结，此时每相绕组的电压是线电压的_____倍。

（3）观察教师展示的三相笼型异步电动机，使用万用表判断电动机的首尾端。

（4）如何分辨变压器的一次侧和二次侧，二次侧 36V、24V 的绕组如何区分？

二、识读电气原理图

（1）本电路采用的是什么输入电源？相电压、线电压分别是多少？L1、L2、L3 分别表示什么？

（2）写出本电路的工作原理。

（3）电路中 PE 是什么？如果不接会有什么后果？

三、布置图和接线图

1. 布置图

布置图（又称电气元器件位置图）主要用来表明电气系统中所有电气元器件的实际位置，为生产机械电气控制设备的制造、安装提供必要的资料。一般情况下，布置图是与接线图组合在一起使用的，以便清晰地表示出所使用元器件的实际安装位置。

2. 接线图

接线图用规定的图形符号，按各电气元器件相对位置进行绘制，表示各电气元器件的相对位置和它们之间的电路连接状况。在绘制时，不但要画出控制柜内部各电气元器件之间的连接方式，还要画出外部相关电器的连接方式。接线图中的回路标号是电气设备之间、电气元器件之间、导线与导线之间的连接标记，其文字符号和数字符号应与原理图中的标号一致。

按照接线图进行线路安装，安装完成后效果如图 2-2-3 所示。

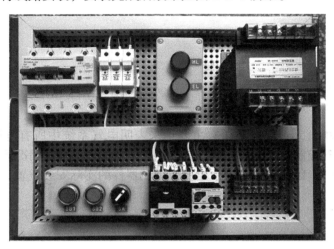

图 2-2-3　线路安装实物图

学习活动三　现场安装与调试

≫ 活动步骤

本活动的基本实施步骤如下：

元器件检测→定位元器件→安装元器件→接线→自检→通电试车（调试）→交付验收。

一、元器件检测（表 2-3-1）

表 2-3-1　元器件检测表

实　物　照　片	名　　称	检 测 步 骤	是 否 可 用

（续）

实 物 照 片	名　称	检 测 步 骤	是 否 可 用

二、根据接线图和布线工艺要求完成布线

1. 安装工艺要求

（1）元器件安装正确牢固，线槽安装横平竖直，连接处严密平整、无缝隙。

（2）为了考虑元器件的散热问题，线槽板不宜与元器件挨得太近，应控制在5cm左右。

（3）合理选择导线，布线时主、控线路分类集中，主线路走配电盘的左边，控制线路和照明线路走配电盘的右边。

（4）放线过程中导线应顺直，不允许有挤压、背扣、扭结和受损等现象；线槽内不允许出现接头，导线接头应放在接线柱上或接线盒内。

（5）线头长短合适，裸露部分不应超过2mm，严禁伤及线芯和导线绝缘层；线耳方向正确，无反圈。

（6）每个电气元器件接线端子上的连接导线不得多于两根，每个接线端子上一般只允许连接一根导线。

（7）实训过程中，请认真遵守7S现场管理。

（8）安全文明操作。

2. 安装注意事项

（1）所有低压电器安装前必须先检查，确保完好后再安装。

（2）交流接触器线圈的额定电压应与线路电压相符。

（3）按钮内接线时，要用适当的力旋拧螺钉，以防螺钉打滑。

（4）电动机必须进行可靠接地。

（5）必须经过任课教师允许后，方可对线路进行通电试车。

（6）通电试车结束后，先断开电源并拆除电源线后，再拆除电动机线。

三、线路调试

首先直观检查接线是否正确、规范。按电路图或接线图，从电源端开始逐段检查接线及接线端子处线号是否正确、有无漏接或错接之处。检查导线接点是否符合要求、接线是否牢固。同时注意接点接触应良好，以避免带负载运转时产生闪弧现象。

1. 主电路的检测

人为断开变压器和控制电路的输入侧，以切断变压器和控制电路。

用万用表电阻档选用倍率适当的位置，并进行调零。将两支表笔分别接熔断器FU的上端，两两测量接线柱的电阻值，万用表读数应均为"∞"。

再人为按下交流接触器KM的触点架，将两支表笔分别接熔断器FU的上端，两两测量接线柱的电阻值，万用表的读数应均为电动机两相绕组的电阻值。

2. 控制电路检测

断开熔断器FU1，切断主电路，将两支表笔分别接在与控制电路相连的两个熔断器FU下端，此时测得的电阻值应为"∞"。

（1）起停控制电路的检测。按下起动按钮SB2，万用表的读数应为接触器线圈的直流电阻值，松开按钮后，读数应变为"∞"。再按下起动按钮SB2，万用表的读数应为接触器线圈的直流电阻值，此时继续按下停止按钮SB1，读数应为"∞"。

（2）自锁控制电路的检测。人为压下接触器的辅助常开触点（或用导线将辅助触点短接），此时万用表的读数应为接触器线圈的直流电阻值；然后再按下停止按钮 SB1，此时的读数应为"∞"。

四、通电试车

通过自检和教师确认无误后，在教师的监护下进行通电试车。其操作方法和步骤如下：

（1）合上电源开关 QF，HL 灯点亮，然后用验电笔或万用表电压档进行验电，电源正常后，进行下一步操作。

（2）将开关 SA 闭合，EL 灯点亮；按下起动按钮 SB2，KM 应立即得电动作，电动机得电运转；松开按钮 SB2，接触器自锁并能保持吸合状态，电动机持续运行；按下停止按钮 SB1 后，自锁回路切断，接触器 KM 线圈断电，铁心释放，主触点、辅助触点断开复位，电动机断电停止运行。反复操作几次，以观察线路的可靠性。

（3）试车完毕后，应切断电源，以保证安全，并进行小组互评。

学 习 活 动 四　小 组 互 评

学生安装接线完毕，根据评分标准（表2-4-1）让学生从学生的角度来进行互评，通过评分看到别人的优点和自己的不足。

表2-4-1　评分标准

考核工时：45min　　　　　　　　　　　　　　　　　　　　　　　　　　总分：

序号	项　　目	考核要求	配分	扣分	说明
1	万用表的使用	正确使用万用表，否则扣5分/项： 1. 使用前要调零 2. 测试前要选用正确档位 3. 使用后要拨至规定档位	100		
2	变压器一、二次电压等级判别	正确判别电压等级，否则扣15分/项： 1. 一次电压等级判别正确 2. 二次电压等级判别正确			
3	电动机头尾判别	正确判别电动机头尾，否则扣20分			
4	按图接线	按图正确安装： 1. 按图安装接线，否则扣30分 2. 接线桩接线牢固、正确，5个以下不合格的扣10分；5个以上不合格的扣15分 3. 元器件布置整齐、正确、牢固，否则扣10分/个 4. 导线布置整齐、不随意搭线，否则扣10分			

（续）

序号	项 目	考 核 要 求	配分	扣分	说明
5	通电试车	正确操作，试车成功： 1. 试车前要验电，否则扣10分 2. 因线路接错造成试车不成功，扣75分 3. 因操作失误造成试车不成功，扣45分	100		
6	操作安全	造成线路短路，则取消考试资格			

学习活动五　理论考点测验

测验时间：60min　　　　　　　　　　　　　　　　得分：＿＿＿＿

[判断题] 1. 当电气火灾发生时，如果无法切断电源，就只能带电灭火，并选择干粉或者二氧化碳灭火器，尽量少用水基型灭火器。(1.0分)

○对　　　　　　　　　○错

[判断题] 2. 在爆炸危险场所，应采用三相四线制、单相三线制方式供电。(1.0分)

○对　　　　　　　　　○错

[判断题] 3. 当电气火灾发生时首先应迅速切断电源，在无法切断电源的情况下，应迅速选择干粉、二氧化碳等不导电的灭火器材进行灭火。(1.0分)

○对　　　　　　　　　○错

[判断题] 4. 热继电器的双金属片是由一种热膨胀系数不同的金属材料碾压而成的。(1.0分)

○对　　　　　　　　　○错

[判断题] 5. 按钮的文字符号为SB。(1.0分)

○对　　　　　　　　　○错

[判断题] 6. 断路器具有过载、短路和欠电压保护功能。(1.0分)

○对　　　　　　　　　○错

[判断题] 7. 热继电器的双金属片弯曲的速度与电流大小有关，电流越大，速度越快，这种特性称为正比时限特性。(1.0分)

○对　　　　　　　　　○错

[判断题] 8. 低压断路器是一种重要的控制和保护电器，断路器都装有灭弧装置，因此可以安全地带负荷合、分闸。(1.0分)

○对　　　　　　　　　○错

[判断题] 9. 自动切换电器是依靠本身参数的变化或外来信号而自动进行工作的。(1.0分)

○对　　　　　　　　　○错

[判断题] 10. 中间继电器实际上是一种动作与释放值可调节的电压继电器。(1.0分)

○对　　　　　　　　　○错

[判断题] 11. 接触器的文字符号为 KM。(1.0 分)

　〇对　　　　　　　　　〇错

[判断题] 12. 交流接触器的额定电流是在额定的工作条件下所决定的电流值。(1.0 分)

　〇对　　　　　　　　　〇错

[判断题] 13. 组合开关可直接起动 5kW 以下的电动机。(1.0 分)

　〇对　　　　　　　　　〇错

[判断题] 14. 相同条件下，交流电比直流电对人体危害更大。(1.0 分)

　〇对　　　　　　　　　〇错

[判断题] 15. 通电时间增加，人体电阻因出汗而增加，导致通过人体的电流减小。(1.0 分)

　〇对　　　　　　　　　〇错

[判断题] 16. 触电事故是由于电能以电流形式作用于人体而造成的事故。(1.0 分)

　〇对　　　　　　　　　〇错

[判断题] 17. 电度表是专门用来测量设备功率的装置。(1.0 分)

　〇对　　　　　　　　　〇错

[判断题] 18. 电动势的正方向规定为从低电位指向高电位，所以测量时电压表应正极接电源负极，而电压表负极接电源的正极。(1.0 分)

　〇对　　　　　　　　　〇错

[判断题] 19. 电压的大小用电压表来测量，测量时将其串联在电路中。(1.0 分)

　〇对　　　　　　　　　〇错

[判断题] 20. 电流的大小用电流表来测量，测量时将其并联在电路中。(1.0 分)

　〇对　　　　　　　　　〇错

[判断题] 21. 接地电阻测试仪就是测量线路绝缘电阻的仪器。(1.0 分)

　〇对　　　　　　　　　〇错

[判断题] 22. 测量电流时应把电流表串联在被测电路中。(1.0 分)

　〇对　　　　　　　　　〇错

[判断题] 23. 电流表的内阻越小越好。(1.0 分)

　〇对　　　　　　　　　〇错

[判断题] 24. 当电容器测量时万用表指针摆动后停止不动，说明电容器短路。(1.0 分)

　〇对　　　　　　　　　〇错

[判断题] 25. 并联补偿电容器主要用在直流电路中。(1.0 分)

　〇对　　　　　　　　　〇错

[判断题] 26. 补偿电容器的容量越大越好。(1.0 分)

　〇对　　　　　　　　　〇错

[判断题] 27.《中华人民共和国安全生产法》第二十七条规定，生产经营单位的特种作业人员必须按照国家有关规定经专门的安全作业培训，取得相应资格，方可上岗作业。(1.0 分)

　〇对　　　　　　　　　〇错

[判断题] 28. 电工作业分为高压电工作业和低压电工作业。(1.0 分)

　〇对　　　　　　　　　〇错

[判断题] 29. 电工应做好用电人员在特殊场所作业的监护作业。(1.0分)

　○对　　　　　　　　　○错

[判断题] 30. 接地线是当在已停电的设备和线路上意外地出现电压时保护工作人员的重要工具。按规定，接地线必须是由截面积为 $25mm^2$ 以上裸铜软线制成的。(1.0分)

　○对　　　　　　　　　○错

[判断题] 31. 使用脚扣进行登杆作业时，上、下杆的每一步必须使脚扣环完全套入并可靠地扣住电杆，才能移动身体，否则会造成事故。(1.0分)

　○对　　　　　　　　　○错

[判断题] 32. 常用绝缘安全防护用具有绝缘手套、绝缘靴、绝缘隔板、绝缘垫、绝缘站台等。(1.0分)

　○对　　　　　　　　　○错

[判断题] 33. 在安全色标中用绿色表示安全、通过、允许、工作。(1.0分)

　○对　　　　　　　　　○错

[判断题] 34. 幼儿园及小学等儿童活动场所，插座安装高度不宜小于1.8m。(1.0分)

　○对　　　　　　　　　○错

[判断题] 35. 在带电维修线路时，应站在绝缘垫上。(1.0分)

　○对　　　　　　　　　○错

[判断题] 36. 用验电笔验电时，应赤脚站立，保证与大地有良好的接触。(1.0分)

　○对　　　　　　　　　○错

[判断题] 37. 高压汞灯的电压比较高，所以称为高压汞灯。(1.0分)

　○对　　　　　　　　　○错

[判断题] 38. 白炽灯属热辐射光源。(1.0分)

　○对　　　　　　　　　○错

[判断题] 39. 在没有用验电笔验电前，线路应视为有电。(1.0分)

　○对　　　　　　　　　○错

[判断题] 40. 常用螺钉旋具的规格以它的全长（手柄加旋杆）表示。(1.0分)

　○对　　　　　　　　　○错

[判断题] 41. 一号电工刀比二号电工刀的刀柄长度长。(1.0分)

　○对　　　　　　　　　○错

[判断题] 42. 手持式电动工具的接线可以随意加长。(1.0分)

　○对　　　　　　　　　○错

[判断题] 43. Ⅱ类手持电动工具比Ⅰ类工具安全可靠。(1.0分)

　○对　　　　　　　　　○错

[判断题] 44. 在断电之后，电动机停转，当电网再次来电时，电动机能自行起动的运行方式称为失电压保护。(1.0分)

　○对　　　　　　　　　○错

[判断题] 45. 导线连接后接头与绝缘层的距离越小越好。(1.0分)

　○对　　　　　　　　　○错

[判断题] 46. 绝缘材料就是指绝对不导电的材料。(1.0分)

○对　　　　　　　　　　○错

[判断题] 47. 在我国，超高压送电线路基本上是架空敷设。(1.0分)

○对　　　　　　　　　　○错

[判断题] 48. 在电压低于额定值的一定比例后能自动断电的称为欠电压保护。(1.0分)

○对　　　　　　　　　　○错

[判断题] 49. 过载是指线路中的电流大于线路的计算电流或允许载流量。(1.0分)

○对　　　　　　　　　　○错

[判断题] 50. 雷击产生的高电压和耀眼的白光可对电气装置和建筑物及其他设备造成毁坏，电力设备或电力线路遭到破坏可能导致大规模停电。(1.0分)

○对　　　　　　　　　　○错

[判断题] 51. 除独立避雷针之外在接地电阻满足要求的前提下，防雷接地装置可以和其他接地装置共用。(1.0分)

○对　　　　　　　　　　○错

[判断题] 52. 对于容易产生静电的场所，应保持地面潮湿，或者铺设导电性能较好的地板。(1.0分)

○对　　　　　　　　　　○错

[判断题] 53. 雷电时，应禁止屋外高空检修、试验和屋内验电等作业。(1.0分)

○对　　　　　　　　　　○错

[判断题] 54. 交流发电机是应用电磁感应的原理发电的。(1.0分)

○对　　　　　　　　　　○错

[判断题] 55. PN结正向导通时，其内外电场方向一致。(1.0分)

○对　　　　　　　　　　○错

[判断题] 56. 并联电路的总电压等于各支路电压之和。(1.0分)

○对　　　　　　　　　　○错

[判断题] 57. 无论在任何情况下，晶体管都具有电流放大功能。(1.0分)

○对　　　　　　　　　　○错

[判断题] 58. 220V的交流电压的最大值为380V。(1.0分)

○对　　　　　　　　　　○错

[判断题] 59. 导电性能介于导体和绝缘体之间的物体称为半导体。(1.0分)

○对　　　　　　　　　　○错

[判断题] 60. 异步电动机的转差率是旋转磁场的转速与电动机转速之差与旋转磁场的转速之比。(1.0分)

○对　　　　　　　　　　○错

[判断题] 61. 三相异步电动机的转子导体中会形成电流，其电流方向可用右手定则判定。(1.0分)

○对　　　　　　　　　　○错

[判断题] 62. 在电气原理图中，当触点图形垂直放置时，以"左开右闭"原则绘制。(1.0分)

○对　　　　　　　　　　○错

[判断题] 63. 能耗制动方法是将转子的动能转化为电能，并消耗在转子回路的电阻上。(1.0分)

　　○对　　　　　　　　　　○错

[判断题] 64. 电气控制系统图包括电气原理图和电气安装图。(1.0分)

　　○对　　　　　　　　　　○错

[判断题] 65. 对电动机各绕组进行绝缘检查时，如测出绝缘电阻不合格，不允许通电运行。(1.0分)

　　○对　　　　　　　　　　○错

[判断题] 66. 同一电气元器件的各部件分散地画在原理图中必须按顺序标注文字符号。(1.0分)

　　○对　　　　　　　　　　○错

[判断题] 67. 剩余动作电流小于或等于0.3A的RCD属于高灵敏度RCD。(1.0分)

　　○对　　　　　　　　　　○错

[判断题] 68. 变配电设备应有完善的屏护装置。(1.0分)

　　○对　　　　　　　　　　○错

[判断题] 69. 单相220V电源供电的电气设备，应选用三极式剩余电流保护装置。(1.0分)

　　○对　　　　　　　　　　○错

[判断题] 70. 保护接零适用于中性点直接接地的配电系统中。(1.0分)

　　○对　　　　　　　　　　○错

[单选题] 71. 当电气火灾发生时，应首先切断电源再灭火，但当电源无法切断时，只能带电灭火，500V低压配电柜灭火可选用的灭火器是（　　　　）。(1.0分) (请在正确选项○中打钩)

　　○二氧化碳灭火器　　　　　○泡沫灭火器　　　　　○水基型灭火器

[单选题] 72. 低压电器按其动作方式又可分为自动切换电器和（　　　　）电器。(1.0分)

　　○非自动切换　　　　　　　○非电动　　　　　　　○非机械

[单选题] 73. 使用电流继电器时，其吸引线圈直接或通过电流互感器（　　　）在被控电路中。(1.0分)

　　○并联　　　　　　　　　　○串联　　　　　　　　○串联或并联

[单选题] 74. 热继电器的保护特性与电动机过载特性贴近，是为了充分发挥电动机的（　　　）能力。(1.0分)

　　○过载　　　　　　　　　　○控制　　　　　　　　○节流

[单选题] 75. 电业安全工作规程上规定，对地电压为（　　　）V及以下的设备为低压设备。(1.0分)

　　○400　　　　　　　　　　○380　　　　　　　　　○250

[单选题] 76. 人的室颤电流约为（　　　）mA。(1.0分)

　　○16　　　　　　　　　　○30　　　　　　　　　○50

[单选题] 77. 人体直接接触带电设备或线路中的一相时，电流通过人体流入大地，这种触电现象称为（　　　）触电。(1.0分)

○单相　　　　　　　　　○两相　　　　　　　　　○三相

[单选题] 78. 指针式万用表一般可以测量交直流电压、（　　）电流和电阻。（1.0分）

○交直流　　　　　　　○交流　　　　　　　　○直流

[单选题] 79. 指针式万用表测量电阻时标度尺最右侧是（　　）。（1.0分）

○∞　　　　　　　　　　○0　　　　　　　　　○不确定

[单选题] 80. 电度表是测量（　　）用的仪器。（1.0分）

○电流　　　　　　　　○电压　　　　　　　　○电能

[单选题] 81. 并联电力电容器的作用是（　　）。（1.0分）

○降低功率因数　　　　○提高功率因数　　　　○维持电流

[单选题] 82. 特种作业人员在操作证有效期内，连续从事本工种10年以上，无违法行为，经考核发证机关同意，操作证复审时间可延长至（　　）年。（1.0分）

○4　　　　　　　　　　○6　　　　　　　　　○10

[单选题] 83. （　　）是保证电气作业安全的技术措施之一。（1.0分）

○工作票制度　　　　　○验电　　　　　　　　○工作许可制度

[单选题] 84. 绝缘手套属于（　　）安全用具。（1.0分）

○直接　　　　　　　　○辅助　　　　　　　　○基本

[单选题] 85. 当断路器动作后，用手触摸其外壳，发现开关外壳较热，则动作的可能是（　　）。（1.0分）

○短路　　　　　　　　○过载　　　　　　　　○欠电压

[单选题] 86. 在电路中，开关应控制（　　）。（1.0分）

○零线　　　　　　　　○相线　　　　　　　　○地线

[单选题] 87. 单相三孔插座的上孔接（　　）。（1.0分）

○零线　　　　　　　　○相线　　　　　　　　○地线

[单选题] 88. 使用剥线钳时应选用比导线直径（　　）的刃口。（1.0分）

○相同　　　　　　　　○稍大　　　　　　　　○较大

[单选题] 89. 一般照明场所的线路允许电压损失为额定电压的（　　）。（1.0分）

○±5%　　　　　　　　○±10%　　　　　　　○±15%

[单选题] 90. 导线接头要求应接触紧密和（　　）等。（1.0分）

○拉不断　　　　　　　○牢固可靠　　　　　　○不会发热

[单选题] 91. 在铝绞线中加入钢芯的作用是（　　）。（1.0分）

○提高导电能力　　　　○增大导线面积　　　　○提高机械强度

[单选题] 92. 防静电的接地电阻要求不大于（　　）Ω。（1.0分）

○10　　　　　　　　　○40　　　　　　　　　○100

[单选题] 93. 纯电容元件在电路中（　　）电能。（1.0分）

○储存　　　　　　　　○分配　　　　　　　　○消耗

[单选题] 94. 下列电工元件符号中属于电容器的电工符号是（　　）。（1.0分）

○⇥　　　　　　　　　○⊣⊢　　　　　　　　○▭

[单选题] 95. 安培定则也叫（　　）。（1.0分）

○左手定则　　　　　　○右手定则　　　　　　○右手螺旋法则

[单选题] 96. 三相异步电动机一般可直接起动的功率为（   ）kW 以下。(1.0分)

○ 7　　　　　　　　　○ 10　　　　　　　　　○ 16

[单选题] 97. 对电动机内部的脏物及灰尘清理，应用（   ）。(1.0分)

○湿布抹擦　　　　　　　○布上沾汽油、煤油等抹擦

○用压缩空气吹或用干布抹擦

[单选题] 98. 电动机在额定工作状态下运行时，定子电路所加的（   ）叫额定电压。(1.0分)

○线电压　　　　　　　　○相电压　　　　　　　○额定电压

[单选题] 99. 特低电压限值是指在任何条件下，任意两导体之间出现的（   ）电压值。(1.0分)

○最小　　　　　　　　○最大　　　　　　　○中间

[单选题] 100. 建筑施工工地的用电机械设备（   ）安装剩余电流动作保护装置。(1.0分)

○不应　　　　　　　　○应　　　　　　　○没规定

学习任务三

甲乙两地控制线路安装与调试

> 任务简介

根据图3-1给出的电气原理图对线路进行安装和调试，要求在规定时间内完成安装、调试，并交给指导教师验收。

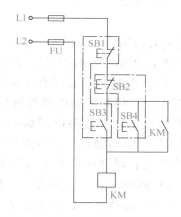

图3-1　甲乙两地控制线路原理图

> 任务目标

知识目标：

（1）掌握熔断器、交流接触器和按钮的结构、用途、工作原理和选用原则。

（2）正确理解甲乙两地控制一个接触器线路的工作原理。

（3）能正确识读甲乙两地控制一个接触器线路的原理图、接线图和布置图。

能力目标：

（1）会按照工艺要求正确安装甲乙两地控制一个接触器线路。

（2）初步掌握甲乙两地控制一个接触器线路中运用的低压电器选用方法与简单检修。

素质目标：

养成独立思考和动手操作的习惯，培养小组协调能力和互相学习的精神。

学习活动一　电工理论知识

一、交流接触器

接触器是一种适用于远距离频繁接通和分断交直流电路的电器。常用交流接触器的外形及电气符号如图3-1-1所示。

1. 交流接触器的结构

交流接触器主要由电磁系统、触点系统、灭弧装置等部分组成。

（1）电磁系统：电磁系统用来操作触点的闭合与分断，包括线圈、衔铁（动铁心）和铁心（静铁心）。

交流接触器的铁心一般用硅钢片叠压

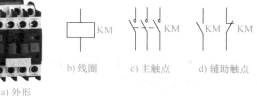

图3-1-1　交流接触器的外形及电气符号

铆成，以减少交变磁场在铁心中产生的涡流及磁滞损耗，从而避免铁心过热。

（2）触点系统：交流接触器的触点起分断和闭合电路的作用，因此，要求触点导电性能良好，所以触点通常用纯铜制成；但是铜表面容易氧化而生成一层不良导体氧化铜，由于银的接触电阻小，且银的黑色氧化物对接触电阻影响不大，故在接触点部分镶上银块。接触器的触点系统分为主触点和辅助触点，主触点用于通断电流较大的主电路，体积较大，一般是由三对常开触点组成；辅助触点用于通断小电流的控制电路，体积较小，它有动合（常开）和动断（常闭）两种触点。所谓常开、常闭是指电磁系统未通电动作前触点的状态。常开和常闭触点是一起动作的，当线圈通电时，常闭触点先分断，常开触点随即闭合；线圈断电时，常开触点先恢复分断，随即常闭触点恢复原来的闭合状态。

（3）灭弧装置：交流接触器在分断大电流电路或高电压电路时，在动、静触点之间会产生很强的电弧，电弧是触点间气体在电场作用下产生的放电现象，会发光发热，灼伤触点，并使电路切断时间延长，甚至会引起其他事故，因此，我们希望电弧迅速地熄灭。在交流接触器中常采用双断口灭弧和灭弧罩灭弧。

（4）其他部分：交流接触器的其他部分包括反作用弹簧、缓冲弹簧、触点压力弹簧片、传动机构和接线柱等。

2. 交流接触器的工作原理

电磁线圈接通电源后，线圈中的电流产生磁场，使铁心产生足够的吸力克服弹簧反作用力，将衔铁向下吸合，三对常开主触点闭合，同时常开辅助触点闭合，常闭辅助触点断开。当接触器线圈断电时，铁心吸力消失，衔铁在弹簧反作用力的作用下复位，各触点也一起复位，如图3-1-2所示。

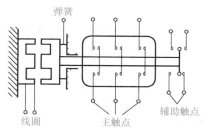

图3-1-2　交流接触器的结构

3. 交流接触器的型号及含义

CJX2 系列交流接触器的型号及含义如下：

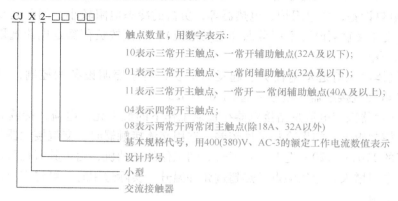

触点数量，用数字表示：

10 表示三常开主触点、一常开辅助触点(32A 及以下)；

01 表示三常开主触点、一常闭辅助触点(32A 及以下)；

11 表示三常开主触点、一常开一常闭辅助触点(40A 及以上)；

04 表示四常开主触点；

08 表示两常开两常闭主触点(除18A、32A以外)

基本规格代号，用400(380)V、AC-3的额定工作电流数值表示

设计序号

小型

交流接触器

交流接触器的型号说明：

例如 CJX2-0910 表示的是交流接触器，小型，设计序号为 2，额定电流为 32A，三常开主触点、一常开辅助触点。又如 CJ12T-250/3 为改进型交流接触器，设计序号为 12，额定电流为 250A，主触点为 3 极。

4. 交流接触器的选用

应根据负荷的类型和工作参数合理选用。具体分为以下步骤：

（1）选择交流接触器的类型：交流接触器按负荷种类一般分为一类、二类、三类和四类，分别记为 AC1、AC2、AC3 和 AC4。一类交流接触器对应的控制对象是无感或微感负荷，如白炽灯、电阻炉等；二类交流接触器用于绕线转子异步电动机的起动和停止；三类交流接触器的典型用途是笼型异步电动机的运转和运行中分断；四类交流接触器用于笼型异步电动机的起动、反接制动、反转和点动。

（2）选择交流接触器的额定参数：根据被控对象和工作参数如电压、电流、功率、频率及工作制等确定交流接触器的额定参数。

1）交流接触器的线圈电压一般应低一些为好，这样对交流接触器的绝缘要求可以降低，使用时也较安全。但为了方便和减少设备，常按实际电网电压选取。

2）电动机的操作频率不高，如压缩机、水泵、风机、空调、冲床等，交流接触器额定电流大于负荷额定电流即可。交流接触器类型可选用 CJ10、CJ20 等。

3）对重任务型电动机，如机床主电动机、升降设备、绞盘、破碎机等，其平均操作频率超过 100 次/min，运行于起动、点动、正反向制动、反接制动等状态，可选用 CJ10Z、CJ12 型的交流接触器。为了保证电气寿命，可使交流接触器降容使用。选用时，交流接触器额定电流大于电动机额定电流。

4）对特种任务电动机，如印刷机、镗床等，操作频率很高，可达 600～12000 次/h，经常运行于起动、反接制动、反向等状态，交流接触器大致可按电气寿命及起动电流选用，交流接触器型号选 CJ10Z、CJ12 等。

5）交流回路中的电容器投入电网或从电网中切除时，交流接触器选择应考虑电容器的合闸冲击电流。一般地，交流接触器的额定电流可按电容器额定电流的 1.5 倍选取，型号选 CJ10、CJ20 等。

6）用交流接触器对变压器进行控制时，应考虑浪涌电流的大小。例如交流电弧焊机、电阻焊机等，一般可按变压器额定电流的2倍选取交流接触器，型号选 CJ10、CJ20 等。

7）对于电热设备，如电阻炉、电热器等，负荷的冷态电阻较小，因此起动电流相应要大一些。选用交流接触器时可不用考虑（起动电流），直接按负荷额定电流选取。型号可选用 CJ10、CJ20 等。

8）由于气体放电灯起动电流大、起动时间长，对于照明设备的控制，可按额定电流1.1～1.4倍选取交流接触器，型号可选 CJ10、CJ20 等。

9）交流接触器额定电流是指接触器在长期工作下的最大允许电流，持续时间≤8h，且安装于敞开的控制板上，如果冷却条件较差，选用交流接触器时，交流接触器的额定电流按负荷额定电流的110%～120%选取。对于长时间工作的电动机，由于其氧化膜没有机会得到清除，使接触电阻增大，导致触点发热超过允许温升。实际选用时，可将交流接触器的额定电流减小30%使用。

5. 交流接触器的安装及使用

（1）接触器安装前应先检查线圈的电压是否与电源电压相符。然后检查各触点接触是否良好，有无卡阻现象。最后将铁心极面上的防锈油擦净，以免油垢粘滞造成断电不能释放的故障。

（2）接触器安装时，其底面应与地面垂直，倾斜度应小于5°。

（3）交流接触器安装时，应使有孔的两面放在上、下位置，以利于散热。

（4）安装时切勿使螺钉、垫圈等零件落入接触器内，以免造成机械卡阻和短路故障。

（5）接触器触点表面应经常保持清洁，不允许涂油。当触点表面因电弧作用而形成金属小珠时，应及时铲除，但银及银合金触点表面产生的氧化膜，由于接触电阻很小，不必锉修，否则将缩短触点的寿命。

6. 交流接触器的常见故障分析

（1）交流接触器不吸合故障的原因一般为交流接触器线圈断线或电源电压过低、线圈额定电压低于电源电压、铁心机械卡阻。

（2）交流接触器线圈断电后铁心不释放故障的原因一般为铁心极面有油污或尘埃粘着、接触器主触点发生熔焊、反力弹簧损坏、E形铁心的中柱去磁气隙消失使剩磁增大。

（3）交流接触器主触点熔焊故障的原因一般为操作频率过高或长期过载使用、触点弹簧压力过小、负载侧短路、控制电路电压过低或主触点表面有突起的金属颗粒。

（4）交流接触器的电磁铁铁心噪声过大故障的原因一般为电源电压过低、铁心短路环断裂、触点弹簧压力过大或铁心极面有油污。

（5）接触器线圈过热或烧毁故障的原因一般为电源电压过高或过低、操作频率过高或线圈匝间短路。

二、低压熔断器

低压熔断器是低压配电系统和电力拖动系统中的保护电器。在使用时，熔断器串接在所保护的电路中，当该电路发生过载或短路故障时，通过熔断器的电流达到或超过了某一规定值，以其自身产生的热量使熔体熔断而自动切断电路，起到保护作用。电气设备的电流保护有过载延时保护和短路瞬时保护两种主要形式。

1. 低压熔断器的结构及符号

熔断器主要由熔体、安装熔体的熔管和熔座三部分组成。熔体是熔断器的核心，常做成丝状、片状或栅状，制作熔体的材料一般有铅锡合金、锌、铜、银等，根据受保护的要求而定。熔管是熔体的保护外壳，用耐热绝缘材料制成，在熔体熔断时兼有灭弧作用。熔座是熔断器的底座，其作用是固定熔管和外接引线。图3-1-3所示为RT16系列有填料密封管式熔断器的电气符号及实物图。

a) 电气符号　　　　　　　　　　b) 实物图

图3-1-3　熔断器的电气符号及实物图

2. 低压熔断器型号及含义

熔断器的型号及含义如下：

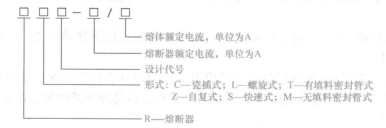

如型号RCIA-15/10中，R表示熔断器，C表示瓷插式，设计代号为IA，熔断器的额定电流为15A，熔体的额定电流为10A。

3. 熔断器的主要技术参数

（1）额定电压：熔断器长期工作所能承受的电压。如果熔断器的实际工作电压大于其额定电压，熔体熔断时可能会发生电弧不能熄灭的危险。

（2）额定电流：保证熔断器能长期正常工作的电流，是由熔断器各部分长期工作时的允许温升决定的。

（3）分断能力：在规定的使用和性能条件下，在规定电压下熔断器能分断的预期分断电流值，常用权限分断电流值来表示。

（4）时间-电流特性：也称为安-秒特性或保护特性，是指在规定的条件下，表征流过熔体的电流与熔体熔断时间的关系曲线。

4. 低压熔断器的选择

应根据使用场合选择熔断器的类型。电网配电一般用管式熔断器；电动机保护一般用螺旋式熔断器；照明电路一般用瓷插式熔断器；保护电力半导体器件则应选择快速式熔断器。

（1）熔体额定电流的选择：

1）对于变压器、电炉和照明等负载，熔体的额定电流应略大于或等于负载电流。

2）对于输配电线路，熔体的额定电流应略小于或等于线路的安全电流。

3）在电动机回路中用作短路保护时，应考虑电动机的起动条件，按电动机起动时间的长短来选择熔体的额定电流。对起动时间不长的电动机，可按下式决定熔体的额定电流：

$$I_{N熔体} = (2.5 \sim 3)I_{st}$$

对起动时间较长或起动较频繁的场合，按下式决定熔体的额定电流：

$$I_{N熔体} = (1.6 \sim 2)I_{st}$$

式中　I_{st}——电动机的起动电流，单位为 A。

（2）熔断器额定电压与额定电流的选择：

1）$U_{N熔断器} \geq U_{N线路}$。

2）$I_{N熔断器} \geq I_{N线路}$。

5. 低压熔断器的安装及使用

（1）熔断器内所装熔体的额定电流，只能小于或等于熔断器的额定电流，而不能大于熔断器的额定电流；在配电线路中，一般要求前一级熔体比后一级熔体的额定电流大 2～3 级。以防止发生越级动作而扩大故障停电范围；熔断器的最大分断能力应大于被保护线路上的最大短路电流。

（2）安装时应保证熔体和触刀以及触刀和刀座接触良好，以免因熔体温度升高发生误动作。

（3）螺旋式熔断器安装时，应将电源进线接在瓷底座的下接线端上，出线应接在螺纹壳的上接线端上。

（4）瓷插式熔断器安装熔丝时，熔丝应沿螺栓顺时针方向弯过来，压在垫圈下，以保证接触良好；同时必须注意不能使熔丝受到机械损伤，以免减小熔体的截面积，产生局部发热而造成误动作。

（5）在给瓷插式熔断器更换熔丝时，一定要切断电源，将开关拉开，不要带电工作，以免触电；在一般情况下，不应带电拔出熔断器。如因工作需要带电调换熔断器时，必须先断开负载，因为熔断器的触刀和夹座不能用来切断电流，在拔出时，电弧可能不能熄灭，从而会引起事故。

三、按钮

按钮是一种手动操作接通或分断小电流控制电路的主令电器。一般情况下按钮不直接控制主电路的通断，主要利用按钮的开关远距离发出手动指令或信号去控制接触器、继电器等电磁装置，实现主电路的分合、功能转换或电气联锁。

1. 按钮的结构及符号

按钮的结构一般都是由按钮帽、复位弹簧、桥式动触点、外壳及支柱连杆等组成的。按钮按静态时触点的分合状况，可分为常开按钮（起动按钮）、常闭按钮（停止按钮）及复合按钮（常开、常闭组合为一体的按钮），结构如图 3-1-4 所示。

2. 按钮的动作原理

对起动按钮而言，按下按钮帽时触点闭合，松开后触点自动断开复位；停止按钮则相

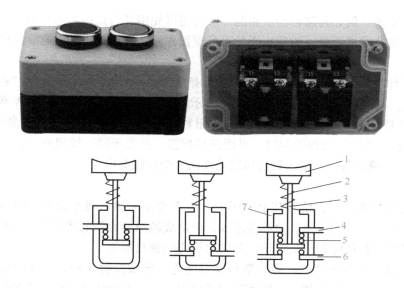

图 3-1-4　按钮的外形及结构

1—按钮帽　2—复位弹簧　3—支柱连杆　4—常闭静触点　5—桥式动触点

6—常开静触点　7—外壳

反，按下按钮帽时触点分断，松开后触点自动闭合复位；复合按钮是当按下按钮帽时，桥式动触点向下运动，使常闭触点先断开后，常开触点才闭合；当松开按钮帽时，则常开触点先分断复位后，常闭触点再闭合复位。

3. 按钮的型号及含义

按钮的型号及含义如下：

其中结构形式代号的含义如下：

K—开启式，适用于嵌装在操作面板上；

H—防护式，带保护外壳，可防止内部零件受机械损伤或人偶然触及带电部分；

S—防水式，具有密封外壳，可防止雨水侵入；

F—防腐式，能防止腐蚀性气体进入；

J—紧急式，带有红色大蘑菇钮头（突出在外），作紧急切断电源用；

X—旋钮式，用旋钮旋转进行操作，有通和断两个位置；

Y—钥匙式，用钥匙插入进行操作，可防止误操作或供专人操作；

D—带指示灯式，按钮内装有信号灯，兼作信号指示。

4. 按钮的选用

（1）按使用场合的不同和具体的用途选择按钮。根据使用场合选择按钮的种类，如开启式、防护式、防水式、防腐式等；根据用途选择合适的形式，如旋钮式、钥匙式、紧急式、带指示灯式等。例如控制台柜板面的一般按钮可先用开启式；如需要显示工作状态则用带指示灯式；在非常重要处，为防止无关人员误操作宜选用钥匙式；在有腐蚀的气体处要用防腐式。

（2）按工作状态、批示和工作情况的要求选择按钮和指示灯的颜色。表示"起动"或"通电"的用绿色，表示"停止"的用红色。另外指示灯的电压分为6.3V、12V、24V等几种。

（3）按控制电路的需要，确定不同的按钮数：如单钮、双钮、三钮、多钮等。例如，需要"正""反""停"三种控制时，可用三只按钮，并装于同一按钮盒内；只需进行"起动"及"停止"控制时，则用两只按钮组装在同一个按钮盒内。

5. 按钮的使用维护

（1）应经常检查按钮，清除其上的污垢。由于按钮的触点间距较小，经多年使用或密封件不好时，尘埃或机油以及乳化液等流入，会造成绝缘能力降低甚至发生短路事故。对于这种情况，必须进行绝缘和清洁处理，并采取相应的密封措施。

（2）按钮用于高温场合时，易使塑料变形老化，导致按钮松动，引起接线螺钉间相碰短路。可根据情况在安装时加一个紧固圈拧紧使用，也可在接线螺钉处加套绝缘塑料管来防止松动。

（3）带指示灯的按钮由于灯泡发热，时间长易使塑料灯罩变形造成更换灯泡困难。因此不宜用在通电时间较长的地方；若欲使用，可适当降低灯泡电压，延长其使用寿命。

（4）若发现接触不良，则应查明原因：若触点表面有损伤，可用细锉修整；若接触面有尘垢或烟灰，宜用清洁的蘸有溶剂的棉布擦拭干净；若是触点弹簧失效，应予以更换；若触点严重烧损，则应更换产品。

学习活动二 安装前的准备

一、认识元器件

选出甲乙两地控制线路（图3-1）中所用到的各种电气元器件，查阅相关资料，对照图片写出其名称、符号及功能，见表3-2-1。

表3-2-1 元器件明细表

实 物 照 片	名 称	文字符号及图形符号	功能与用途

（续）

实 物 照 片	名　称	文字符号及图形符号	功能与用途

（1）熔断器的作用是什么？

（2）交流接触器的线圈电压是多少？

二、识读电气原理图

（1）本电路中每个按钮的作用分别是什么？

（2）写出本电路的工作原理。

（3）本电路的特点是什么？

三、布置图和接线图

1. 布置图

布置图（又称电气元器件位置图）主要用来表明电气系统中所有电气元器件的实际位置，为生产机械电气控制设备的制造、安装提供必要的资料。一般情况下，布置图是与接线图组合在一起使用的，以便清晰地表示出所使用电器的实际安装位置。

2. 接线图

接线图用规定的图形符号，按各电气元器件相对位置进行绘制，表示各电气元器件的相对位置和它们之间的电路连接状况。在绘制时，不但要画出控制柜内部各电气元器件之间的连接方式，还要画出外部相关电气元器件的连接方式。接线图中的回路标号是电气设备之间、电气元器件之间、导线与导线之间的连接标记，其文字符号和数字符号应与原理图中的标号一致。

按照接线图进行线路安装，安装完成后效果如图 3-2-1 所示。

图 3-2-1　线路安装实物图

学习活动三　现场安装与调试

》》 活动步骤

本活动的基本实施步骤如下：

元器件检测→定位元器件→安装元器件→接线→自检→通电试车（调试）→交付验收。

一、元器件检测（表 3-3-1）

表 3-3-1　元器件检测表

实 物 照 片	名　　称	检 测 步 骤	是 否 可 用

（续）

实物照片	名　称	检测步骤	是否可用

二、根据接线图和布线工艺要求完成布线

1. 安装工艺要求

（1）元器件安装正确牢固，线槽安装横平竖直，连接处严密平整、无缝隙。

（2）为了考虑元器件的散热问题，线槽板不宜与元器件挨得太近，应控制在5cm左右。

（3）合理选择导线，布线时主、控线路分类集中，主线路走配电盘的左边，控制线路和照明线路走配电盘的右边。

（4）放线过程中导线应顺直，不允许有挤压、背扣、扭结和受损等现象；线槽内不允许出现接头，导线接头应放在接线柱上或接线盒内。

（5）线头长短合适，裸露部分不应超过2mm，严禁伤及线芯和导线绝缘层；线耳方向

正确，无反圈。

（6）每个电气元器件接线端子上的连接导线不得多于两根，每个接线端子上一般只允许连接一根导线。

（7）每根剥好绝缘的导线两端，应根据原理图套好编码套管。

（8）实训过程中，请认真遵守 7S 现场管理。

（9）安全文明操作。

2. 安装注意事项

（1）所有低压电器安装前必须先检查，确保完好后再安装。

（2）交流接触器线圈的额定电压应与线路电压相符。

（3）按钮内接线时，要用适当的力旋拧螺钉，以防螺钉打滑。

（4）电动机必须进行可靠接地。

（5）必须经过任课教师允许后，方可对线路进行通电试车。

（6）通电试车结束后，先断开电源并拆除电源线后，再拆除电动机线。

三、线路调试

首先直观检查接线是否正确、规范。按电路图或接线图，从电源端开始逐段检查接线及接线端子处线号是否正确、有无漏接或错接之处。检查导线接点是否符合要求、接线是否牢固。同时注意接点接触应良好，以避免带负载运转时产生闪弧现象。

接通 FU 熔断器，然后将万用表的两只表笔接于 QF 下端的 L1、L2 端子，进行以下几项检查：

1. 检查甲地起动及停车控制

操作按钮前电路处于断路状态，此时应测得的电阻值为"∞"。然后按下 SB3 时，测得 KM 线圈电阻值，再按下停止按钮 SB1，此时万用表应显示线路由通而断。

2. 检查乙地起动及停车控制

操作按钮前电路处于断路状态，此时应测得的电阻值为"∞"。然后按下 SB4 时，测得 KM 线圈电阻值，再按下停止按钮 SB2，此时万用表应显示线路由通而断。

3. 检查自锁回路

按下 KM1 触点架，应测得 KM1 的线圈电阻值，然后再按下停止按钮 SB1，此时万用表的读数应为"∞"。

四、通电试车

通过自检和教师确认无误后，在教师的监护下进行通电试车。其操作方法和步骤如下：

合上电源开关 QF，做以下几项试验：

（1）甲地起动、停车控制：按下正转起动按钮 SB3，KM 应立即动作并能保持闭合状态；按下停止按钮 SB1 使 KM 断开。

（2）乙地起动、停车控制：按下正转起动按钮 SB4，KM 应立即动作并能保持闭合状态；按下停止按钮 SB2 使 KM 断开。

（3）用绝缘棒按下 KM 的触点架，KM 应得电并保持吸合状态。

学习活动四　小组互评

　　学生安装接线完毕，根据评分标准（表3-4-1），让学生从学生的角度来进行互评，通过评分看到别人的优点和自己的不足。

表 3-4-1　评分标准

考核工时：45min　　　　　　　　　　　　　　　　　　　　　　　　　总分：

序号	项　目	考核要求	配分	扣分	说明
1	万用表的使用	正确使用万用表，否则扣5分/项： 1. 使用前要调零 2. 测试前要选用正确档位 3. 测试时正确使用表笔 4. 使用后要拨至规定档位	100		
2	电流互感器同名端的判别	用正确方法判断： 1. 方法错误，扣15分 2. 判断错误，扣15分			
3	七芯导线的一字型连接	按正确方法操作： 1. 连接方法错误，扣15分/次 2. 缠绕不紧密、不牢固、损伤芯线，扣5分/处 3. 绝缘过长，扣10分/次			
4	按图接线	1. 按图安装接线，否则扣30分 2. 元器件布置整齐、正确、牢固，否则扣10分/个 3. 导线布置整齐、不随意搭线，否则扣10分			
5	通电试车	1. 因线路接错造成试车不成功，扣75分 2. 因操作失误造成试车不成功，扣35分			
6	操作安全	造成线路短路的取消考试资格			

学习活动五　理论考点测验

测验时间：60min　　　　　　　　　　　　　　　　　　　　　　　　得分：_____

　　[判断题] 1. 当电气火灾发生时，如果无法切断电源，就只能带电灭火，并选择干粉或者二氧化碳灭火器，尽量少用水基型灭火器。（1.0分）

　　○对　　　　　　　　　　○错

　　[判断题] 2. 对于在易燃、易爆、易灼烧及有静电发生的场所作业的工作人员，不可以

发放和使用化纤防护用品。(1.0 分)

　　○对　　　　　　　　○错

　　[判断题] 3. 在带电灭火时，如果用喷雾水枪应将水枪喷嘴接地，并穿上绝缘靴和戴上绝缘手套，才可进行灭火操作。(1.0 分)

　　○对　　　　　　　　○错

　　[判断题] 4. 目前我国生产的接触器额定电流一般大于或等于 630A。(1.0 分)

　　○对　　　　　　　　○错

　　[判断题] 5. 交流接触器常见的额定最高工作电压达到 6000V。(1.0 分)

　　○对　　　　　　　　○错

　　[判断题] 6. 按钮的文字符号为 SB。(1.0 分)

　　○对　　　　　　　　○错

　　[判断题] 7. 时间继电器的文字符号为 KT。(1.0 分)

　　○对　　　　　　　　○错

　　[判断题] 8. 热继电器是利用双金属片受热弯曲而推动触点动作的一种保护电器，它主要用于线路的速断保护。(1.0 分)

　　○对　　　　　　　　○错

　　[判断题] 9. 隔离开关用于承担接通和断开电流任务，将电路与电源隔开。(1.0 分)

　　○对　　　　　　　　○错

　　[判断题] 10. 接触器的文字符号为 KM。(1.0 分)

　　○对　　　　　　　　○错

　　[判断题] 11. 中间继电器实际上是一种动作与释放值可调节的电压继电器。(1.0 分)

　　○对　　　　　　　　○错

　　[判断题] 12. 频率的自动调节补偿是热继电器的一个功能。(1.0 分)

　　○对　　　　　　　　○错

　　[判断题] 13. 行程开关的作用是将机械行走的长度用电信号传出。(1.0 分)

　　○对　　　　　　　　○错

　　[判断题] 14. 据统计部分省市农村触电事故要少于城市的触电事故。(1.0 分)

　　○对　　　　　　　　○错

　　[判断题] 15. 按照通过人体电流的大小及人体反应状态的不同，可将电流划分为感知电流、摆脱电流和室颤电流。(1.0 分)

　　○对　　　　　　　　○错

　　[判断题] 16. 通电时间增加，人体电阻因出汗而增加，导致通过人体的电流减小。(1.0 分)

　　○对　　　　　　　　○错

　　[判断题] 17. 电动势的正方向规定为从低电位指向高电位，所以测量时电压表应正极接电源负极，而电压表负极接电源正极。(1.0 分)

　　○对　　　　　　　　○错

　　[判断题] 18. 测量交流电路的有功电能时，因是交流电，故电能表的电压线圈和电流线圈的各自两个端子可任意接在线路上。(1.0 分)

○对　　　　　　　　○错

[判断题] 19. 电压的大小用电压表来测量，测量时将其串联在电路中。(1.0分)

○对　　　　　　　　○错

[判断题] 20. 接地电阻表主要由手摇发电机、电流互感器、电位器以及检流计组成。(1.0分)

○对　　　　　　　　○错

[判断题] 21. 钳形电流表既能测量交流电流，也能测量直流电流。(1.0分)

○对　　　　　　　　○错

[判断题] 22. 万用表使用后，转换开关可置于任意位置。(1.0分)

○对　　　　　　　　○错

[判断题] 23. 交流电流表和电压表所测得的值都是有效值。(1.0分)

○对　　　　　　　　○错

[判断题] 24. 并联电容器所接的线停电后必须断开电容器组。(1.0分)

○对　　　　　　　　○错

[判断题] 25. 如果电容器运行时，检查发现温度过高，应加强通风。(1.0分)

○对　　　　　　　　○错

[判断题] 26. 电容器室内应有良好的通风。(1.0分)

○对　　　　　　　　○错

[判断题] 27. 特种作业人员必须年满20周岁，且不超过国家法定退休年龄。(1.0分)

○对　　　　　　　　○错

[判断题] 28. 特种作业人员未经专门的安全作业培训，未取得相应资格，上岗作业导致事故的，应追究生产经营单位有关人员的责任。(1.0分)

○对　　　　　　　　○错

[判断题] 29. 电工应做好用电人员在特殊场所作业的监护作业。(1.0分)

○对　　　　　　　　○错

[判断题] 30. 在直流电路中，常用棕色表示正极。(1.0分)

○对　　　　　　　　○错

[判断题] 31. 试验对地电压为50V以上的带电设备时，氖泡式低压验电笔就应显示有电。(1.0分)

○对　　　　　　　　○错

[判断题] 32. 遮栏是为防止工作人员无意碰到带电设备部分而装的设备屏护，分为临时遮栏和常设遮栏两种。(1.0分)

○对　　　　　　　　○错

[判断题] 33. 在安全色标中用红色表示禁止、停止或消防。(1.0分)

○对　　　　　　　　○错

[判断题] 34. 剩余电流断路器只有在有人触电时才会动作。(1.0分)

○对　　　　　　　　○错

[判断题] 35. 为安全起见，更换熔断器时，最好断开负载。(1.0分)

○对　　　　　　　　○错

[判断题] 36. 用验电笔验电时，应赤脚站立，保证与大地有良好的接触。(1.0分)

○对　　　　　　　　○错

[判断题] 37. 验电笔在使用前必须确认其良好。(1.0分)

○对　　　　　　　　○错

[判断题] 38. 民用住宅严禁装设床头开关。(1.0分)

○对　　　　　　　　○错

[判断题] 39. 当拉下总开关后，线路即视为无电。(1.0分)

○对　　　　　　　　○错

[判断题] 40. 多用螺钉旋具的规格以它的全长（手柄加旋杆）表示。(1.0分)

○对　　　　　　　　○错

[判断题] 41. 手持式电动工具的接线可以随意加长。(1.0分)

○对　　　　　　　　○错

[判断题] 42. Ⅱ类手持电动工具比Ⅰ类工具安全可靠。(1.0分)

○对　　　　　　　　○错

[判断题] 43. 剥线钳是用来剥削小导线头部表面绝缘层的专用工具。(1.0分)

○对　　　　　　　　○错

[判断题] 44. 额定电压为380V的熔断器可用在电压为220V的线路中。(1.0分)

○对　　　　　　　　○错

[判断题] 45. 导线连接后接头与绝缘层的距离越小越好。(1.0分)

○对　　　　　　　　○错

[判断题] 46. 熔断器在所有电路中，都能起到过载保护作用。(1.0分)

○对　　　　　　　　○错

[判断题] 47. 导线接头的抗拉强度必须与原导线的抗拉强度相同。(1.0分)

○对　　　　　　　　○错

[判断题] 48. 导线连接时必须注意做好防腐措施。(1.0分)

○对　　　　　　　　○错

[判断题] 49. 在选择导线时必须考虑线路投资，但导线截面积不能太小。(1.0分)

○对　　　　　　　　○错

[判断题] 50. 雷击产生的高电压和耀眼的白光可对电气装置和建筑物及其他设施造成毁坏，电力设施或电力线路遭破坏可能导致大规模停电。(1.0分)

○对　　　　　　　　○错

[判断题] 51. 防雷装置应沿建筑物的外墙敷设，并经最短途径接地，如有特殊要求可以暗敷。(1.0分)

○对　　　　　　　　○错

[判断题] 52. 雷电时，应禁止屋外高空检修、试验和屋内验电等作业。(1.0分)

○对　　　　　　　　○错

[判断题] 53. 对于容易产生静电的场所，应保持地面潮湿，或者铺设导电性能较好的地板。(1.0分)

○对　　　　　　　　○错

[判断题] 54. 在串联电路中，电路总电压等于各电阻的分电压之和。（1.0分）
　　○对　　　　　　　　○错

[判断题] 55. PN结正向导通时，其内外电场方向一致。（1.0分）
　　○对　　　　　　　　○错

[判断题] 56. 交流电每交变一周所需的时间叫作周期T。（1.0分）
　　○对　　　　　　　　○错

[判断题] 57. 220V交流电压的最大值为380V。（1.0分）
　　○对　　　　　　　　○错

[判断题] 58. 对称的三相电源是由振幅相同、初相位依次相差120°的正弦电源连接组成的供电系统。（1.0分）
　　○对　　　　　　　　○错

[判断题] 59. 规定小磁针的北极所指的方向是磁力线的方向。（1.0分）
　　○对　　　　　　　　○错

[判断题] 60. 对绕线转子异步电动机应经常检查电刷与集电环的接触及电刷的磨损、压力、火花等情况。（1.0分）
　　○对　　　　　　　　○错

[判断题] 61. 若闻到焦臭味，应停止运行的电动机，必须找出原因后才能再通电使用。（1.0分）
　　○对　　　　　　　　○错

[判断题] 62. 在电气原理图中，当触点图形垂直放置时，以"左开右闭"原则绘制。（1.0分）
　　○对　　　　　　　　○错

[判断题] 63. 电气原理图中的所有元器件均按未通电状态或无外力作用时的状态画出。（1.0分）
　　○对　　　　　　　　○错

[判断题] 64. 使用改变磁极对数来调速的电动机一般都是绕线转子电动机。（1.0分）
　　○对　　　　　　　　○错

[判断题] 65. 三相电动机的转子和定子要同时通电才能工作。（1.0分）
　　○对　　　　　　　　○错

[判断题] 66. 再生发电制动只用于电动机转速高于同步转速的场合。（1.0分）
　　○对　　　　　　　　○错

[判断题] 67. 在高压操作中，无遮栏作业人体或其所携带工具与带电体之间的距离应不少于0.7m。（1.0分）
　　○对　　　　　　　　○错

[判断题] 68. 剩余电流动作保护装置主要用于1000V以下的低压系统。（1.0分）
　　○对　　　　　　　　○错

[判断题] 69. 机关、学校、企业、住宅等建筑物内的插座回路不需要安装剩余电流动作保护装置。（1.0分）
　　○对　　　　　　　　○错

[判断题] 70. 变配电设备应有完善的屏护装置。(1.0 分)

○对　　　　　　　　○错

[单选题] 71. 在易燃、易爆危险场所，电气设备应安装（　　）的电气设备。(1.0 分)（请在正确项○中打钩）

○安全电压　　　　　○密封性好　　　　　○防爆型

[单选题] 72. 万能转换开关的基本结构内有（　　）。(1.0 分)

○反力系统　　　　　○触点系统　　　　　○线圈部分

[单选题] 73. 在采用多级熔断器保护中，后级的熔体额定电流比前级大，目的是防止熔断器越级熔断而（　　）。(1.0 分)

○查障困难　　　　　○减小停电范围　　　○扩大停电范围

[单选题] 74. 行程开关的组成包括（　　）。(1.0 分)

○线圈部分　　　　　○保护部分　　　　　○反力系统

[单选题] 75. 图是（　　）触点。(1.0 分)

○延时闭合动合　　　○延时断开动合　　　○延时断开动断

[单选题] 76. 在对可能存在较高跨步电压的接地故障点进行检查时，室内不得接近故障点（　　）m 以内。(1.0 分)

○2　　　　　　　　○3　　　　　　　　○4

[单选题] 77. 一般情况下 220V 工频电压作用下人体的电阻为（　　）Ω。(1.0 分)

○500 ~ 1000　　　　○800 ~ 1600　　　　○1000 ~ 2000

[单选题] 78. 指针式万用表一般可以测量交直流电压、（　　）电流和电阻。(1.0 分)

○交直流　　　　　　○交流　　　　　　　○直流

[单选题] 79. 测量电压时，电压表应与被测电路（　　）。(1.0 分)

○并联　　　　　　　○串联　　　　　　　○正接

[单选题] 80. 线路或设备的绝缘电阻是用（　　）测量的。(1.0 分)

○万用表的电阻档　　○绝缘电阻表　　　　○接地摇表

[单选题] 81. 电容器在用万用表检查时，指针摆动后应该（　　）。(1.0 分)

○保持不动　　　　　○逐渐回摆　　　　　○来回摆动

[单选题] 82. 生产经营单位的主要负责人在本单位发生重大生产安全事故后逃匿的，由（　　）处 15 日以下拘留。(1.0 分)

○公安机关　　　　　○检察机关　　　　　○安全生产监督管理部门

[单选题] 83. （　　）可用于操作高压跌落式熔断器、单极隔离开关及装设临时接地线等。(1.0 分)

○绝缘手套　　　　　○绝缘鞋　　　　　　○绝缘棒

[单选题] 84. 高压验电笔的发光电压不应高于额定电压的（　　）%。(1.0 分)

○25　　　　　　　　○50　　　　　　　　○75

[单选题] 85. 电感式荧光灯镇流器的内部是（　　）。(1.0 分)

○电子电路　　　　　○线圈　　　　　　　○振荡电路

[单选题] 86. 螺口灯头的螺纹应与（　　）相接。(1.0 分)

○中性线　　　　　　○相线　　　　　　　○地线

[单选题] 87. 在易燃易爆场所使用的照明灯具应采用（   ）灯具。(1.0分)

○防爆型　　　　　　　　○防潮型　　　　　　　　○普通型

[单选题] 88. 螺钉旋具的规格是以柄部外面的杆身长度和（   ）表示。(1.0分)

○半径　　　　　　　　　○厚度　　　　　　　　　○直径

[单选题] 89. 保护接地线或保护接零线的颜色按标准应采用（   ）。(1.0分)

○蓝色　　　　　　　　　○红色　　　　　　　　　○绿-黄双色

[单选题] 90. 更换熔体时，原则上新熔体与旧熔体的规格要（   ）。(1.0分)

○不同　　　　　　　　　○相同　　　　　　　　　○更新

[单选题] 91. 碳在自然界中有金刚石和石墨两种存在形式，其中石墨是（   ）。(1.0分)

○绝缘体　　　　　　　　○导体　　　　　　　　　○半导体

[单选题] 92. 在雷雨天气，应将门和窗户等关闭，其目的是为了防止（   ）侵入屋内，造成火灾、爆炸或人员伤亡。(1.0分)

○球形雷　　　　　　　　○感应雷　　　　　　　　○直击雷

[单选题] 93. 将一根导线均匀拉长为原长的 2 倍，则它的阻值为原阻值的（   ）倍。(1.0分)

○1　　　　　　　　　　○2　　　　　　　　　　○4

[单选题] 94. 单极型半导体器件是（   ）。(1.0分)

○二极管　　　　　　　　○双极型二极管　　　　　○场效应晶体管

[单选题] 95. 感应电流具有这样的方向，即感应电流的磁场总要阻碍引起感应电流磁通量的变化，这一定律称为（   ）。(1.0分)

○法拉第定律　　　　　　○特斯拉定律　　　　　　○楞次定律

[单选题] 96. 笼型异步电动机采用电阻减压起动时，起动次数（   ）。(1.0分)

○不宜太少　　　　○不允许超过 3 次/h　　　○不宜过于频繁

[单选题] 97. 减压起动是指起动时降低加在电动机（   ）绕组上的电压，起动运转后，再使其电压恢复到额定电压正常运行。(1.0分)

○定子　　　　　　　　　○转子　　　　　　　　　○定子及转子

[单选题] 98. 在对 380V 电动机各绕组的绝缘检查中，发现绝缘电阻（   ），则可初步判定为电动机受潮所致，应对电动机进行烘干处理。(1.0分)

○小于 10MΩ　　　　　　○大于 0.5MΩ　　　　　　○小于 0.5MΩ

[单选题] 99. （GB/T 3805—2008）《特低电压（ELV）限值》中规定，在正常环境下，正常工作时工频电压有效值的限值为（   ）V。(1.0分)

○33　　　　　　　　　　○70　　　　　　　　　　○55

[单选题] 100. 特别潮湿的场所应采用（   ）V 的安全特低电压。(1.0分)

○42　　　　　　　　　　○24　　　　　　　　　　○12

学习任务四

接触器互锁正反转控制线路安装与调试

> **任务简介**

根据图 4-1 给出的电气原理图对线路进行安装和调试，要求在规定期限完成安装、调试，并交指导教师验收。

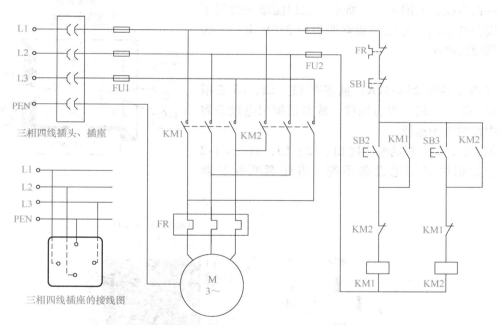

图 4-1　接触器互锁正反转控制线路原理图

> **任务目标**

知识目标：

（1）掌握三相四孔插座、插头和热继电器的结构、用途及工作原理和选用原则。

（2）正确理解接触器互锁正反转控制线路的工作原理。

（3）能正确识读接触器互锁正反转控制线路的原理图、接线图和布置图。

能力目标：

（1）会按照工艺要求正确安装与调试接触器互锁正反转控制线路。

（2）初步掌握三相笼型异步电动机接触器互锁正反转控制线路中运用的低压电器的选用方法与简单检修。

素质目标：

养成独立思考和动手操作的习惯，培养小组协调能力和互相学习的精神。

学习活动一　电工理论知识

一、三相插座

三相插座即三相四孔插座，或称三相四线插座。

三相插座的插座面板孔位是四孔，分别接三根相线和一根零线，如图4-1-1所示。三相插座一般用于动力设备的供电，也就是通常所说的380V电压，为其提供便捷电源。

1. 三相四孔插座的接线

三相（440V 25A/32A）插座有L1、L2、L3三根相线和一根中性线，没有地线，或者根据用电设备需要把中性线改为地线。

依照黄、绿、红的顺序接L1、L2、L3，如图4-1-2所示。如相序与用电设备不符，将任意两相对调即可。

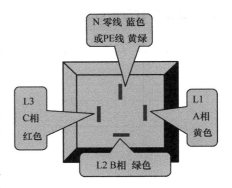

图4-1-1　三相插座

图4-1-2　三相四孔插座接线示意图

2. 单相插座与三相插座的区别

外观上有三个插孔的插座不一定是三相插座，而接了三根电源线的插座才能叫作三相插座，只接了两根线，但外观上有三个插孔的，实际还是单相插座，另一个孔是用来接地的，如图4-1-3所示。

图 4-1-3 电源插座接法

二、三相笼型异步电动机

1. 三相笼型异步电动机的结构

三相笼型异步电动机的结构如图 4-1-4 所示，其中定子指的是电动机静止部分，包括机座、定子铁心和定子绕组；转子指的是电动机的旋转部分，包括转轴、转子铁心和转子绕组。

（1）定子。定子的作用是产生旋转磁场，定子由定子铁心、定子绕组、机座组成，图 4-1-5 所示为定子的结构。

定子铁心：由相互绝缘的硅钢片叠制而成。铁心内圈有孔，定子绕组嵌在槽内。

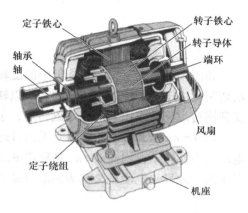

图 4-1-4 三相笼型异步电动机的结构

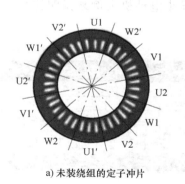

a) 未装绕组的定子冲片

b) 定子绕组

图 4-1-5 定子的结构

定子绕组：电动机的电路部分，由三相对称绕组组成。三相绕组按照一定的空间角度依次嵌放在定子槽内，并与铁心绝缘。三相绕组共有六个出线端引出机壳外，接在机座的接线盒中。每相绕组的首末端用 U1-U2、V1-V2、W1-W2 标记。

机座：由铸铁或铸钢制成。作用是固定铁心和铁心绕组，通过前后两个端盖支撑转子轴。机座表面铸有散热筋，以增加散热面积，提高散热效果。

（2）转子。转子的作用是产生电磁转矩，转子铁心为圆柱状，用硅钢片叠成，表面冲有管槽，槽内放置铜条（或铸铝）。笼型转子就是在铁心两端用导电的端环将槽孔内的铜条连接起来，形成回路，如果去掉转子铁心，转子的结构成笼型，如图 4-1-6 所示。除了有笼型转子异步电动机外还有绕线转子异步电动机。

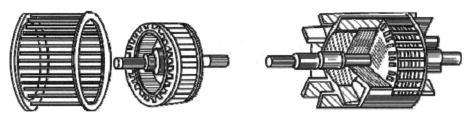

| a) 嵌放铜条的笼型转子 | b) 铸铝的笼型转子 |

图 4-1-6　电动机笼型转子结构

2. 三相笼型异步电动机的工作原理

如图 4-1-7 所示,定子绕组中的旋转磁场切割转子铜条,可看成磁场不动,转子相对磁场切割,由于转子绕组是闭合的,所以转子中有感应电流流过,此时,绕组中的感应电流又受到旋转磁场的作用,产生电磁转矩,于是转子就沿着旋转磁场的方向旋转起来。

如 $n = n_0$ 时,转子和磁场间无相对运动,则转子中无感应电流而不能产生电磁转矩,则电动机不能转动;因此 $n < n_0$ 是异步电动机工作的必要条件。又由于转子电流是由电磁感应产生的,故异步电动机又称为感应电动机。

3. 三相笼型异步电动机铭牌识读

每台三相笼型异步电动机的机座上都有一块铭牌,铭牌上注明这台三相笼型异步电动机的主要技术数据,是选择、安装、使用和修理(包括重绕组)三相笼型异步电动机的重要依据。如图 4-1-8 所示,现以 Y100 L-2 型三相异步电动机为例来说明铭牌上各个数据的含义。

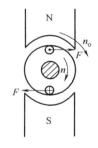

图 4-1-7　笼型转子
转动原理

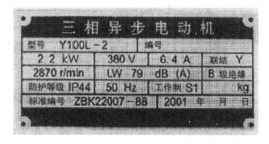

三 相 异 步 电 动 机			
型号 Y100L-2		编号	
2.2 kW	380 V	6.4 A	联结 Y
2870 r/min	LW 79 dB (A)		B 级绝缘
防护等级 IP44	50 Hz	工作制 S1	kg
标准编号 ZBK22007-88		2001 年　月　日	

图 4-1-8　三相异步电动机的铭牌

（1）型号。具体如下：

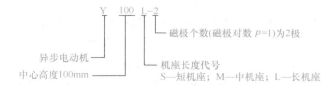

三相异步电动机型号字母含义：

Y—异步电动机；IP44—封闭式；IP23—防护式；W—户外；F—化工防腐用；Z—冶金

起重；Q—高起动转矩；D—多速；B—防爆；R—绕线式；CT—电磁调速；X—高效率；H—高转差率。

（2）联结。联结是三相定子绕组的连接方式，有星形（Y）或三角形（△）两种，如图4-1-9所示。

（3）额定功率 P（kW）。额定功率也称额定容量，是指在额定运行状态下，电动机转轴上输出的机械功率。

（4）额定电压 U（V）。额定电压是指电动机在正常运行时加到定子绕组上的线电压。常用的中小功率电动机的额定电压为380V。

（5）额定电流 I（A）。额定电流是指电动机在额定条件下运行时，定子

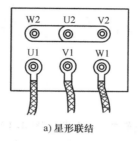
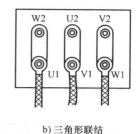

a) 星形联结　　　　　b) 三角形联结

图4-1-9　电动机绕组的联结

绕组的额定电流值。由于电动机起动时转速很低，转子与旋转磁场的相对速度差很大，因此，转子绕组中感应电流很大，引起定子绕组中电流也很大。通常，电动机的起动电流为额定电流的 4 ~ 7 倍。虽然起动电流很大，但起动时间很短，而且随着电动机转速的上升，电流会迅速减小，故对于容量不大且不频繁起动的电动机影响不大。

（6）额定频率 f（Hz）。额定频率是指电动机使用交流电源的频率。我国工业用交流电的频率为50Hz，在调速时则可以通过变频器改变电动机的电源频率。

（7）额定转速 n（r/min）。额定转速是指电动机在额定电压、额定频率及输出额定功率时的转速。

（8）绝缘等级。绝缘等级是指三相电动机所采用的绝缘材料的耐热能力，它表明三相电动机允许的最高工作温度。耐热能力可分为 A、E、B、F、H 五个等级，见表4-1-1。

表4-1-1　三相异步电动机的绝缘等级

绝缘等级	A	E	B	F	H
最高允许温度/℃	105	120	130	165	180

注：表中的最高允许温度为环境温度与允许温升之和。

（9）工作制。工作方式是对电动机在额定条件下持续运行时间的限制，以保证电动机的温升不超过允许值。电动机常用的工作方式有以下三种：

1）连续工作方式（S1）。连续工作方式是指电动机带额定负载运行时，运行时间很长，电动机的温升可以达到稳态温升的工作方式，如水泵、通风机等。

2）短时工作方式（S2）。短时工作方式是指电动机带额定负载运行时，运行时间很短，使电动机的温升达不到稳态温升；停机时间很长，使电动机的温升可以降到零的工作方式。短时工作方式分为 10min、30min、60min、90min 四种。

3）周期断续工作方式（S3）。周期断续工作方式是指电动机带额定负载运行时，运行时间很短，使电动机的温升达不到稳态温升；停止时间也很短，使电动机的温升降不到零，工作周期小于10min 的工作方式，即电动机以间歇方式运行。如起重机等。

（10）防护等级。防护等级表示三相电动机外壳的防护等级，其中 IP 是防护等级标志符

号，其后面的两位数字分别表示电动机防固体和防水能力。数字越大，防护能力越强，如 IP44 中第一位数字"4"表示电动机能防止直径或厚度大于 1mm 的固体进入电动机内壳；第二位数字"4"表示能承受任何方向的溅水。

学习活动二　安装前的准备

一、认识元器件

（1）选出接触器互锁正反转控制线路（图 4-1）中所用到的各种电气元器件，查阅相关资料，对照图片写出其名称、符号及功能，见表 4-2-1。

表 4-2-1　元器件明细表

实 物 照 片	名　　称	文字符号及图形符号	功能与用途

（续）

实 物 照 片	名　称	文字符号及图形符号	功能与用途

（2）安装三相四孔插座有哪些注意事项？

二、识读电气原理图

（1）电路中 FR 的作用是什么？

（2）写出本电路的工作原理。

（3）写出本电路的优缺点。

三、布置图和接线图

1. 布置图

布置图（又称电气元器件位置图）主要用来表明电气系统中所有电气元器件的实际位置，为生产机械电气控制设备的制造、安装提供必要的资料。一般情况下，布置图是与接线图组合在一起使用的，以便清晰地表示出所使用电气元器件的实际安装位置。

2. 接线图

接线图用规定的图形符号，按各电气元器件相对位置进行绘制，表示各电气元器件的相对位置和它们之间的电路连接状况。在绘制时，不但要画出控制柜内部各电气元器件之间的连接方式，还要画出外部相关电器的连接方式。接线图中的回路标号是电气设备之间、电气元器件之间、导线与导线之间的连接标记，其文字符号和数字符号应与原理图中的标号一致。

按照接线图进行线路安装，安装完成后效果如图4-2-1所示。

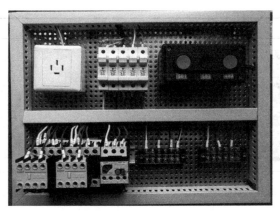

图 4-2-1 线路安装实物图

学习活动三 现场安装与调试

▶▶ 活动步骤

本活动的基本实施步骤如下：

元器件检测→定位元器件→安装元器件→接线→自检→通电试车（调试）→交付验收。

一、元器件检测（表 4-3-1）

表 4-3-1 元器件检测表

实 物 照 片	名 称	检 测 步 骤	是 否 可 用

（续）

实物照片	名 称	检测步骤	是否可用
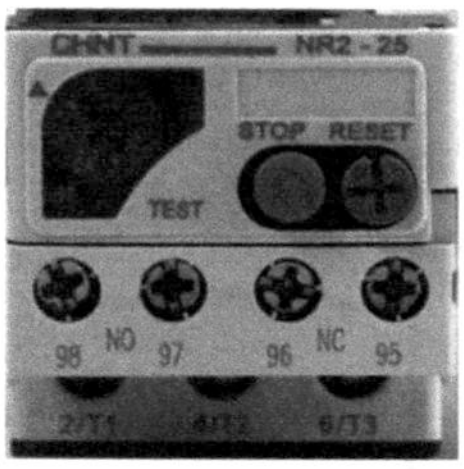			

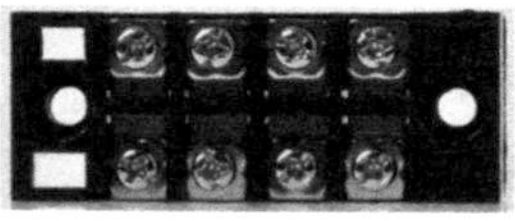			

二、根据接线图和布线工艺要求完成布线

当元器件安装完毕后，按照图 4-1 所示的原理图进行板前线槽配线。板前线槽配线的工艺要求与前面任务有所不同，具体工艺要求如下：

1. 线槽的安装工艺要求

安装线槽时，应做到横平竖直、排列整齐匀称、安装牢固和便于走线等。

2. 板前线槽配线工艺要求

（1）所有导线的截面积在等于或大于 0.5mm² 时，必须采用软线。考虑机械强度的原

因，所用导线的最小截面积，在控制箱外为 $1mm^2$，控制箱内为 $0.75mm^2$。但对控制箱内通过很小电流的电路连线，如电子逻辑电路，导线的截面积为 $0.2mm^2$，并且可以采用硬线，但只能用于不移动又无振动的场合。

（2）布线时，严禁损伤线芯和导线绝缘。

（3）各电气元器件接线端子引出导线的走向，以元器件的水平中心线为界限，在水平中心线以上接线端子引出的导线，必须进入元器件上面的线槽；在水平中心线以下接线端子引出的导线，必须进入元器件下面的线槽；任何导线都不允许从水平方向进入线槽内。

（4）各电气元器件接线端子上引出或引入的导线，除间距很小或元器件机械强度很差时允许直接架空敷设外，其他导线必须经过线槽进行连接。

（5）进入线槽内的导线要完全置于线槽内，并尽可能避免交叉，装线不要超过其容量的70%，以便能盖上线槽盖和以后的装配及维修。

（6）各电气元器件与线槽之间的外露导线，应合理走线，并尽可能做到横平竖直，垂直变换走向。同一个元器件上位置一致的端子和不同型号电气元器件中位置一致的端子上，引出或引入的导线，要敷设在同一平面上，并应做到高低一致或前后一致，不得交叉。

（7）所有接线端子、导线线头上，都应套有与电路图上相应线号一致的编码套管，并按线号进行连接，连接必须牢靠，不得松动。

（8）在任何情况下，接线端子都必须与导线截面积和材料性质相适应。当接线端子不适合连接软线或较小截面积的软线时，可以在导线端头穿上针形或叉形轧头并压紧。

（9）一般一个接线端子只能连接一根导线，如果采用专门设计的端子，可以连接两根或多根导线，但导线的连接方式必须是公认的、在工艺上成熟的方式。如夹紧、压接、焊接、绕接等，应严格按照连接工艺的工序要求进行。

3. 安装注意事项

（1）所有低压电器安装前必须先检查，确保完好后再安装。

（2）交流接触器线圈的额定电压应与线路电压相符。

（3）按钮内接线时，要用适当的力旋拧螺钉，以防螺钉打滑。

（4）电动机必须进行可靠的接地。

（5）必须经过任课教师允许后，方可对线路进行通电试车。

（6）通电试车结束后，先断开电源并拆除电源线后，再拆除电动机线。

三、线路调试

首先直观检查接线是否正确、规范。按电路图或接线图，从电源端开始逐段检查接线及接线端子处线号是否正确、有无漏接或错接之处。检查导线接点是否符合要求、接线是否牢固。同时注意接点接触应良好，以避免带负载运转时产生闪弧现象。

1. 主电路的检测

（1）检查各相通路

万用表选用倍率适当的位置，并进行校零，断开熔断器 FU2 以切断控制回路。然后将两支表笔分别接 U11-V11、V11-W11 和 W11-U11 端子测量相间电阻值，测得的读数均为"∞"。再分别按下 KM1、KM2 的触点架，均应测得电动机两相绕组的直流电阻值。

（2）检测电源换相通路

首先将两支表笔分别接 U11 端子和接线端子板上的 U 端子，按下 KM1 的触点架时应测得的电阻值趋于 0。然后松开 KM1 再按下 KM2 触点架，此时应测得电动机两相绕组的电阻值。用同样的方法测量 W11-W 之间的通路。

2. 控制电路的检测

断开熔断器 FU1，切断主电路，接通 FU2，然后将万用表的两只表笔接于 QF 下端 U11、V11 端子做以下几项检查：

（1）检查正反转起动及停车控制

操作按钮前电路处于断路状态，此时应测得的电阻值为"∞"。然后分别按下 SB2 和 SB3 时，各应测得 KM1 和 KM2 的线圈电阻值。如同时再按下 SB2 和 SB3 时，应测得 KM1 和 KM2 的线圈电阻值的并联值（若两个接触器线圈的电阻值相同，则为接触器线圈电阻值的 1/2）。当分别按下 SB2 和 SB3 后，再按下停止按钮 SB1，此时万用表应显示线路由通而断。

（2）检查自锁回路

分别按下 KM1 及 KM2 触点架，应分别测得 KM1、KM2 的线圈电阻值，然后再按下停止按钮 SB1，此时万用表的读数应为"∞"。

（3）检查联锁线路

按下 SB2（或 KM1 触点架），测得 KM1 线圈电阻值后，再轻轻按下 KM2 触点架使常闭触点分断（注意不能使 KM2 的常开触点闭合），万用表应显示线路由通而断；用同样方法检查 KM1 对 KM2 的联锁作用。

四、通电试车

通过自检和教师确认无误后，在教师的监护下进行通电试车。其操作方法和步骤如下：

合上电源开关 QF，做以下几项试验：

（1）正反向起动、停车控制。按下正转起动按钮 SB2，KM1 应立即动作并能保持闭合状态；按下停止按钮 SB1 使 KM1 断开；再按下反转起动按钮 SB3，则 KM2 应立即动作并保持闭合状态；再按下停止按钮 SB1，KM2 应断开。

（2）联锁作用试验。按下正转起动按钮 SB2 使 KM1 得电动作；再按下反转起动按钮 SB3，KM1 不断开且 KM2 不动作；按下停止按钮 SB1 使 KM1 断开，再按下反转起动按钮 SB3 使 KM2 得电闭合；按下正转起动按钮 SB2 则 KM2 不断开且 KM1 不动作。反复操作几次检查联锁线路的可靠性。

（3）用绝缘棒按下 KM1 的触点架，KM1 应得电并保持闭合状态；再用绝缘棒缓慢地按下 KM2 触点架，KM1 应断开，随后 KM2 得电再闭合。再按下 KM1 触点架，则 KM2 断开而 KM1 闭合。

学习活动四　小组互评

学生安装接线完毕，根据评分标准（表 4-4-1），让学生从学生的角度来进行互评，通过评分看到别人的优点和自己的不足。

表 4-4-1　评分标准

考核工时：45min　　　　　　　　　　　　　　　　　　　　　　　　　总分：

序号	项　目	考核要求	配分	扣分	说明
1	万用表的使用	正确使用万用表，否则扣 5 分/项： 1. 使用前要调零 2. 测试前要选用正确档位 3. 使用后要拨至规定档位	100		
2	电动机头尾判别	正确判别电动机头尾和极数，否则扣 15 分/项			
3	电动机绝缘电阻的测量	1. 绝缘电阻表使用前的开路、短路检测 2. 测试线不交叉且使用接线正确 3. 摇测速度、读数正确			
4	按图接线	1. 按图安装接线，否则扣 30 分 2. 接线桩接线牢固、正确，5 个以下不合格扣 10 分，5 个以上不合格扣 20 分，10 个以上不合格扣 30 分 3. 元器件布置整齐、正确、牢固，否则扣 10 分/个 4. 导线布置整齐、不随意搭线，否则扣 1～15 分			
5	通电试车	正确操作，试车成功： 1. 试车前要验电，否则扣 10 分 2. 因线路接错造成试车不成功，扣 75 分 3. 因操作失误造成试车不成功，扣 45 分			
6	操作安全	造成线路短路的取消考试资格			

学习活动五　理论考点测验

测验时间：60min　　　　　　　　　　　　　　　　　　　　　　　　　得分：_____

[判断题] 1. 为了防止电气火花、电弧等引燃爆炸物，应选用防爆电气级别和温度组别与环境相适应的防爆电气设备。(1.0 分)

　○对　　　　　　　　　　○错

[判断题] 2. 在爆炸危险场所，应采用三相四线制、单相三线制方式供电。(1.0 分)

　○对　　　　　　　　　　○错

[判断题] 3. 对于在易燃、易爆、易灼烧及有静电发生的场所作业的工作人员，不可以发放和使用化纤防护用品。(1.0 分)

　○对　　　　　　　　　　○错

[判断题] 4. 目前我国生产的接触器额定电流一般大于或等于 630A。(1.0 分)

　○对　　　　　　　　　　○错

[判断题] 5. 电动式时间继电器的延时时间不受电源电压波动及环境温度变化的影响。

（1.0分）

　　○对　　　　　　　　　　○错

　　[判断题] 6. 根据使用场合，可选的按钮种类有开启式、防水式、防腐式、防护式等。（1.0分）

　　○对　　　　　　　　　　○错

　　[判断题] 7. 在供配电系统和设备自动系统中，刀开关通常用于电源隔离。（1.0分）

　　○对　　　　　　　　　　○错

　　[判断题] 8. 行程开关的作用是将机械行走的长度用电信号传出。（1.0分）

　　○对　　　　　　　　　　○错

　　[判断题] 9. 隔离开关用于承担接通和断开电流任务，将电路与电源隔开。（1.0分）

　　○对　　　　　　　　　　○错

　　[判断题] 10. 低压断路器是一种重要的控制和保护电器，断路器都装有灭弧装置，因此可以安全地带负荷合、分闸。（1.0分）

　　○对　　　　　　　　　　○错

　　[判断题] 11. 频率的自动调节补偿是热继电器的一个功能。（1.0分）

　　○对　　　　　　　　　　○错

　　[判断题] 12. 开启式开关熔断器组（俗称胶壳开关）不适合用于直接控制 5.5kW 以上的交流电动机。（1.0分）

　　○对　　　　　　　　　　○错

　　[判断题] 13. 中间继电器实际上是一种动作与释放值可调节的电压继电器。（1.0分）

　　○对　　　　　　　　　　○错

　　[判断题] 14. 概率为50%时，成年男性的平均感知电流值约为 1.1mA，最小为 0.5mA，成年女性约为 0.6mA。（1.0分）

　　○对　　　　　　　　　　○错

　　[判断题] 15. 触电事故是由于电能以电流形式作用于人体而造成的事故。（1.0分）

　　○对　　　　　　　　　　○错

　　[判断题] 16. 触电者神志不清，有心跳，但呼吸停止，应立即进行口对口人工呼吸。（1.0分）

　　○对　　　　　　　　　　○错

　　[判断题] 17. 用钳形表测量电动机空转电流时，不需要档位变换可直接进行测量。（1.0分）

　　○对　　　　　　　　　　○错

　　[判断题] 18. 电度表是专门用来测量设备功率的装置。（1.0分）

　　○对　　　　　　　　　　○错

　　[判断题] 19. 电压的大小用电压表来测量，测量时将其串联在电路中。（1.0分）

　　○对　　　　　　　　　　○错

　　[判断题] 20. 钳形表既能测交流电流，也能测量直流电流。（1.0分）

　　○对　　　　　　　　　　○错

　　[判断题] 21. 电压表内阻越大越好。（1.0分）

○对　　　　　　　○错

[判断题] 22. 接地电阻测试仪就是测量线路的绝缘电阻的仪器。（1.0分）

○对　　　　　　　○错

[判断题] 23. 万用表使用后，转换开关可置于任意位置。（1.0分）

○对　　　　　　　○错

[判断题] 24. 并联电容器有减小电压损失的作用。（1.0分）

○对　　　　　　　○错

[判断题] 25. 如果电容器运行时，检查发现温度过高，应加强通风。（1.0分）

○对　　　　　　　○错

[判断题] 26. 补偿电容器的容量越大越好。（1.0分）

○对　　　　　　　○错

[判断题] 27. 电工特种作业人员应当具备高中或相当于高中以上文化程度。（1.0分）

○对　　　　　　　○错

[判断题] 28. 有美尼尔氏综合征的人不得从事电工作业。（1.0分）

○对　　　　　　　○错

[判断题] 29. 特种作业操作证每一年由考核发证部门复审一次。（1.0分）

○对　　　　　　　○错

[判断题] 30. 绝缘棒在闭合或拉开高压隔离开关和跌落式熔断器，装拆携带式接地线，以及进行辅助测量和试验时使用。（1.0分）

○对　　　　　　　○错

[判断题] 31. 使用脚扣进行登杆作业时，上、下杆的每一步必须使脚扣环完全套入并可靠地扣住电杆，才能移动身体，否则会造成事故。（1.0分）

○对　　　　　　　○错

[判断题] 32. 在安全色标中用红色表示禁止、停止或消防。（1.0分）

○对　　　　　　　○错

[判断题] 33. 在安全色标中用绿色表示安全、通过、允许、工作。（1.0分）

○对　　　　　　　○错

[判断题] 34. 螺口灯头的台灯应采用三孔插座。（1.0分）

○对　　　　　　　○错

[判断题] 35. 路灯的各回路应有保护，每一灯具宜设单独熔断器。（1.0分）

○对　　　　　　　○错

[判断题] 36. 不同电压的插座应有明显区别。（1.0分）

○对　　　　　　　○错

[判断题] 37. 白炽灯属热辐射光源。（1.0分）

○对　　　　　　　○错

[判断题] 38. 高压汞灯的电压比较高，所以称为高压汞灯。（1.0分）

○对　　　　　　　○错

[判断题] 39. 验电笔在使用前必须确认其良好。（1.0分）

○对　　　　　　　○错

[判断题] 40. 移动电气设备电源应采用高强度铜芯橡皮护套硬绝缘电缆。（1.0 分）

　○ 对　　　　　　　　　○ 错

[判断题] 41. Ⅱ类手持电动工具比Ⅰ类工具安全可靠。（1.0 分）

　○ 对　　　　　　　　　○ 错

[判断题] 42. 手持式电动工具的接线可以随意加长。（1.0 分）

　○ 对　　　　　　　　　○ 错

[判断题] 43. 剥线钳是用来剥削小导线头部表面绝缘层的专用工具。（1.0 分）

　○ 对　　　　　　　　　○ 错

[判断题] 44. 绿-黄双色的导线只能用于保护线。（1.0 分）

　○ 对　　　　　　　　　○ 错

[判断题] 45. 根据用电性质，电力线路可分为动力线路和配电线路。（1.0 分）

　○ 对　　　　　　　　　○ 错

[判断题] 46. 在选择导线时必须考虑线路投资，但导线截面积不能太小。（1.0 分）

　○ 对　　　　　　　　　○ 错

[判断题] 47. 绝缘材料就是指绝对不导电的材料。（1.0 分）

　○ 对　　　　　　　　　○ 错

[判断题] 48. 在电压低于额定值的一定比例后能自动断电的保护称为欠电压保护。（1.0 分）

　○ 对　　　　　　　　　○ 错

[判断题] 49. 为了安全，高压线路通常采用绝缘导线。（1.0 分）

　○ 对　　　　　　　　　○ 错

[判断题] 50. 静电现象是很普遍的电现象，其危害不小，固体静电可达 200kV 以上，人体静电也可达 10kV 以上。（1.0 分）

　○ 对　　　　　　　　　○ 错

[判断题] 51. 雷电时，应禁止屋外高空检修、试验和屋内验电等作业。（1.0 分）

　○ 对　　　　　　　　　○ 错

[判断题] 52. 雷雨天气，即使在室内，也不要修理家中的电气线路、开关、插座等。如果一定要修理，必须把家中电源总开关拉开。（1.0 分）

　○ 对　　　　　　　　　○ 错

[判断题] 53. 雷电按其传播方式可分为直击雷和感应雷两种。（1.0 分）

　○ 对　　　　　　　　　○ 错

[判断题] 54. 正弦交流电的周期与角频率的关系是互为倒数。（1.0 分）

　○ 对　　　　　　　　　○ 错

[判断题] 55. 在串联电路中，电路总电压等于各电阻的分电压之和。（1.0 分）

　○ 对　　　　　　　　　○ 错

[判断题] 56. 在三相交流电路中，负载为三角形联结时，其相电压等于三相电源的线电压。（1.0 分）

　○ 对　　　　　　　　　○ 错

[判断题] 57. 欧姆定律指出，在一个闭合电路中，当导体温度不变时，通过导体的电

流与加在导体两端的电压成反比，与其电阻成正比。（1.0分）

　　○对　　　　　　　　　　○错

　　［判断题］58. 磁力线是一种闭合曲线。（1.0分）

　　○对　　　　　　　　　　○错

　　［判断题］59. 基尔霍夫第一定律是节点电流定律，是用来证明电路上各电流之间关系的定律。（1.0分）

　　○对　　　　　　　　　　○错

　　［判断题］60. 带电动机的设备在电动机通电前要检查电动机的辅助设备和安装底座、接地等，正常后再通电使用。（1.0分）

　　○对　　　　　　　　　　○错

　　［判断题］61. 对于异步电动机，国家标准规定 3kW 以下的电动机均采用三角形联结。（1.0分）

　　○对　　　　　　　　　　○错

　　［判断题］62. 再生发电制动只用于电动机转速高于同步转速的场合。（1.0分）

　　○对　　　　　　　　　　○错

　　［判断题］63. 电气控制系统图包括电气原理图和电气安装图。（1.0分）

　　○对　　　　　　　　　　○错

　　［判断题］64. 电气原理图中的所有元器件均按未通电状态或无外力作用时的状态画出。（1.0分）

　　○对　　　　　　　　　　○错

　　［判断题］65. 使用改变磁极对数来调速的电动机一般都是绕线转子电动机。（1.0分）

　　○对　　　　　　　　　　○错

　　［判断题］66. 电气安装接线图中，同一电气元器件的各部分必须画在一起。（1.0分）

　　○对　　　　　　　　　　○错

　　［判断题］67. 当采用安全特低电压作直接电击防护时，应选用 25V 及以下的安全电压。（1.0分）

　　○对　　　　　　　　　　○错

　　［判断题］68. RCD（Residual Current Device，剩余电流装置）后的中性线可以接地。（1.0分）

　　○对　　　　　　　　　　○错

　　［判断题］69. 剩余电流动作保护装置主要用于 1000V 以下的低压系统。（1.0分）

　　○对　　　　　　　　　　○错

　　［判断题］70. 变配电设备应有完善的屏护装置。（1.0分）

　　○对　　　　　　　　　　○错

　　［单选题］71. 当电气火灾发生时，应首先切断电源再灭火，但当电源无法切断时，只能带电灭火，500V 低压配电柜灭火可选用的灭火器是（　　）。（1.0分）（请在正确选项○中打钩）

　　○二氧化碳灭火器　　　　○泡沫灭火器　　　　○水基型灭火器

　　［单选题］72. 更换熔体或熔管必须在（　　）的情况下进行。（1.0分）

○带电 ○不带电 ○带负载

[单选题] 73. 开启式开关熔断器组在接线时，电源线接在（ ）。（1.0分）

○上端（静触点） ○下端（动触点） ○两端都可

[单选题] 74. 电压继电器使用时其吸引线圈直接或通过电压互感器（ ）在被控电路中。（1.0分）

○并联 ○串联 ○串联或并联

[单选题] 75. 低压电器可以为低压配电电器和（ ）电器。（1.0分）

○低压控制 ○电压控制 ○低压电动

[单选题] 76. 人的室颤电流约为（ ）mA。（1.0分）

○16 ○30 ○50

[单选题] 77. 如果触电者心跳停止，有呼吸，应立即对触电者施行（ ）急救。（1.0分）

○仰卧压胸法 ○胸外心脏按压法 ○俯卧压背法

[单选题] 78. 指针式万用表一般可以测量交直流电压、（ ）电流和电阻。（1.0分）

○交直流 ○交流 ○直流

[单选题] 79. 指针式万用表测量电阻时标度尺最右侧是（ ）。（1.0分）

○∞ ○0 ○不确定

[单选题] 80. 电度表是测量（ ）的仪器。（1.0分）

○电流 ○电压 ○电能

[单选题] 81. 低压电容器的放电负载通常使用（ ）。（1.0分）

○灯泡 ○线圈 ○互感器

[单选题] 82. 低压电工作业是指对（ ）V以下的电气设备进行安装、调试、运行操作等的作业。（1.0分）

○250 ○500 ○1000

[单选题] 83. （ ）是保证电气作业安全的技术措施之一。（1.0分）

○工作票制度 ○验电 ○工作许可制度

[单选题] 84. 绝缘手套属于（ ）安全用具。（1.0分）

○直接 ○辅助 ○基本

[单选题] 85. 事故照明一般采用（ ）。（1.0分）

○荧光灯 ○白炽灯 ○高压汞灯

[单选题] 86. 相线应接在螺口灯头的（ ）。（1.0分）

○中心端子 ○螺纹端子 ○外壳

[单选题] 87. 下列现象中，可判定是接触不良的是（ ）。（1.0分）

○荧光灯起动困难 ○灯泡忽明忽暗 ○灯泡不亮

[单选题] 88. 锡焊晶体管等弱电元件应用（ ）W的电烙铁为宜。（1.0分）

○25 ○75 ○100

[单选题] 89. 导线接头的机械强度不小于原导线机械强度的（ ）%。（1.0分）

○80 ○90 ○95

[单选题] 90. 利用交流接触器作欠电压保护的原理是当电压不足时，线圈产生的

（　　）不足，触点分断。(1.0分)

○磁力　　　　　　　○涡流　　　　　　　○热量

[单选题] 91. 热继电器的整定电流为电动机额定电流的（　　）%。(1.0分)

○ 100　　　　　　　○ 120　　　　　　　○ 130

[单选题] 92. 运输液化气、石油等的槽车在行驶时，在槽车底部应采用金属链条或导电橡胶使之与大地接触，其目的是（　　）。(1.0分)

○中和槽车行驶中产生的静电荷

○泄漏槽车行驶中产生的静电荷

○使槽车与大地等电位

[单选题] 93. 在均匀磁场中，通过某一平面的磁通量为最大时，这个平面就和磁力线（　　）。(1.0分)

○平行　　　　　　　○垂直　　　　　　　○斜交

[单选题] 94. 载流导体在磁场中将会受到（　　）的作用。(1.0分)

○电磁力　　　　　　○磁通　　　　　　　○电动势

[单选题] 95. PN 结两端加正向电压时，其正向电阻变（　　）。(1.0分)

○小　　　　　　　　○大　　　　　　　　○不变

[单选题] 96. 三相异步电动机虽然种类繁多，但基本结构均由（　　）和转子两大部分组成。(1.0分)

○外壳　　　　　　　○定子　　　　　　　○外壳及机座

[单选题] 97. 电动机在额定工作状态下运行时，定子电路所加的（　　）叫作额定电压。(1.0分)

○线电压　　　　　　○相电压　　　　　　○额定电压

[单选题] 98. 电动机（　　）作为电动机磁通的通路，要求材料有良好的导磁性能。(1.0分)

○机座　　　　　　　○端盖　　　　　　　○定子铁心

[单选题] 99. 新装和大修后的低压线路和设备，要求绝缘电阻不低于（　　）MΩ。(1.0分)

○ 1　　　　　　　　○ 0.5　　　　　　　○ 1.5

[单选题] 100. PE 线或 PEN 线上除工作接地外，其他接地点的再次接地称为（　　）接地。(1.0分)

○间接　　　　　　　○直接　　　　　　　○重复

学习任务五

双重互锁正反转控制线路安装与调试

▶ 任务简介

根据图 5-1 给出的电气原理图对线路进行安装和调试，要求在规定时间内完成安装、调试，并交指导教师验收。

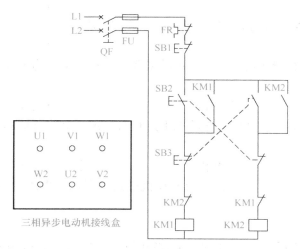

图 5-1 双重互锁正反转控制线路原理图

▶▶ 任务目标

知识目标：

（1）掌握三相笼型异步电动机的结构、用途及工作原理和选用原则。

（2）正确理解双重互锁正反转控制线路的工作原理。

（3）能正确识读双重互锁正反转控制线路的原理图、接线图和布置图。

能力目标：

（1）会按照工艺要求正确安装双重互锁正反转控制线路。

（2）初步掌握三相笼型异步电动机双重互锁正反转控制线路中运用的低压电器选用方法与简单检修。

素质目标：

养成独立思考和动手操作的习惯，培养小组协调能力和互相学习的精神。

学习活动一　电工理论知识

热继电器是利用流过继电器的电流所产生的热效应而反时限动作的自动保护电器。所谓反时限动作，是指电器的延时动作时间随通过电路电流的增加而缩短。热继电器主要与接触器配合使用，用作电动机的过载保护、断相保护、电流不平衡运行的保护及其他电气设备发热状态的控制。

1. 热继电器的分类

热继电器的形式有多种，主要有双金属片式和电子式，其中双金属片式应用最多；按极数划分有单极、两极和三极三种，其中三极的又包括带断相保护装置的和不带断相保护装置的；按复位方式分有自动复位式和手动复位式。

2. 热继电器的结构

热继电器主要由热元件、传动机构、常闭触点、电流整定装置和复位按钮组成。热继电器的热元件由主双金属片和绕在外面的电阻丝组成。主双金属片是由两种热膨胀系数不同的金属片复合而成的。

3. 热继电器的工作原理

热继电器使用时，需要将热元器件串联在主电路中，常闭触点串联在控制电路中。当电动机过载时，流过电阻丝的电流超过热继电器的整定电流，电阻丝发热增多，温度升高，由于两种金属片的热膨胀程度不同而使主双金属片向右弯曲，通过传动机构推动常闭触点断开，分断控制电路，再通过接触器切断主电路，实现对电动机的过载保护。当电源切除后，热元件的主双金属片逐渐冷却恢复原位。热继电器的复位机构操作有手动复位和自动复位两种形式，可根据使用要求通过复位调节螺钉来自由调整选择。一般自动复位时间不大于5min，手动复位时间不大于2min。

热继电器的整定电流大小可通过旋转电流整定旋钮来调节。热继电器的整定电流是指热继电器连续工作而不动作的最大电流。超过整定电流，热继电器将在负载未达到其允许的过载极限之前动作。值得一提的是，由于热继电器主双金属片受热膨胀的热惯性及传动机构传递信号的惰性原因，热继电器电动机过载到触点动作需要一定的时间，也就是说，即使电动机严重过载甚至短路，热继电器也不会瞬时动作，因此热继电器不能作短路保护。但也正是这个热惯性和机械惰性，保证了热继电器在电动机起动或短时过载时不会动作，从而满足了电动机的运行要求。

4. 热继电器的图形符号及型号意义

热继电器在电路图中的文字符号用"FR"表示，其图形符号如图 5-1-1 所示。

热继电器的型号及含义如下：

a) 发热元件　　b) 常闭触点　　c) 常开触点

图 5-1-1　热继电器的图形符号

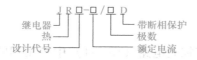

JR20 系列热继电器是一种双金属片式热继电器，在电力线路中用于长期或间断工作的一般交流电动机的过载保护，并且能在三相电流严重不平衡时起保护作用。JR20 系列热继电器的结构为立体布置，一层为结构，另一层为主电路。前者包括整定电流调节凸轮、动作脱扣指示、复位按钮及断开检查按钮。

5. 热继电器的选择

选择热继电器作为电动机的过载保护时，应使选择的热继电器的安-秒特性位于电动机的过载特性之下，并尽可能地接近，甚至重合，以充分发挥电动机的能力，同时使电动机在短时过载和起动瞬间（$4I_{N电动机} \sim 7I_{N电动机}$）不受影响。

（1）热继电器的类型选择。一般轻载起动、长期工作的电动机或间断长期工作的电动机，选择两相结构的热继电器；电源电压的均衡性和工作环境较差或较少有人照管的电动机，应选用带断相保护装置的热继电器。

（2）热继电器的额定电流及型号选择。根据热继电器的额定电流应大于电动机的额定电流，查表确定热继电器的型号。

（3）热元件的额定电流选择。热继电器的额定电流略大于电动机的额定电流。

（4）热元件的整定电流选择。根据热继电器的型号和热元件的额定电流，查选型表得出热元件额定电流的调节范围。一般将热继电器的整定电流调整到等于电动机的额定电流；对过载能力差的电动机，可将热元件整定值调整到电动机额定电流的 0.6 ~ 0.8；对起动时间较长，拖动冲击性负载或不允许停车的电动机，热元件的整定电流应调整到电动机额定电流的 1.1 ~ 1.15 倍。

6. 热继电器的安装及使用

（1）热继电器只能作为电动机的过载保护，而不能作短路保护用。

（2）热继电器安装时，应清除触点表面尘污，以免因接触电阻太大或电路不通，而影响热继电器的动作性能。

（3）热继电器必须按照产品说明书规定的方式安装。当它与其他电器装在一起时，应注意将它装在其他电器的下方，以免其动作特性受到其他电器发热的影响。

（4）热继电器出线端的连接导线。这是因为导线的材料和粗细均能影响到热元件端接点传导到外部热量的多少。导线过细，轴向导热差，热继电器可能提前动作；反之，导线过粗，轴向导热快，热继电器可能滞后动作。若用铝芯导线，导线的截面积应增大约 1.8 倍，且端头应搪锡。

（5）对点动、重载起动、连续正反转及反接制动等运行的电动机，一般不宜用热继电器作过载保护。

学习活动二　安装前的准备

一、认识元器件

（1）选出双重互锁正反转控制电路（图 5-1）中所用到的各种电气元器件，查阅相关资料，对照图片写出其名称、符号及功能，见表 5-2-1。

表 5-2-1　元器件明细表

实物照片	名　称	文字符号及图形符号	功能与用途

（续）

实 物 照 片	名　称	文字符号及图形符号	功能与用途

（2）使用万用表判断电动机的首尾端。

（3）简述分辨电动机极数的方法。

二、识读电气原理图

（1）图中常闭触点 SB2、SB3 的作用分别是什么？

（2）写出本电路的工作原理。

（3）在实际应用中，若采用此电路直接对电动机进行正反转切换，会存在什么问题？该如何解决？

三、布置图和接线图

1. 布置图

布置图（又称电气元器件位置图）主要用来表明电气系统中所有电气元器件的实际位置，为生产机械电气控制设备的制造、安装提供必要的资料。一般情况下，布置图是与接线图组合在一起使用的，以便清晰地表示出所使用电器的实际安装位置。

2. 接线图

接线图用规定的图形符号，按各电气元器件相对位置进行绘制，表示各电气元器件的相对位置和它们之间的电路连接状况。在绘制时，不但要画出控制柜内部各电气元器件之间的连接方式，还要画出外部相关电器的连接方式。接线图中的回路标号是电气设备之间、电气元器件之间、导线与导线之间的连接标记，其文字符号和数字符号应与原理图中的标号一致。

按照接线图进行线路安装，安装完成后效果如图 5-2-1 所示。

图 5-2-1　线路安装实物图

学习活动三　现场安装与调试

▶▶ 活动步骤

本活动的基本实施步骤如下：

元器件检测→定位元器件→安装元器件→接线→自检→通电试车（调试）→交付验收。

一、元器件检测（表5-3-1）

表5-3-1　元器件检测表

实物照片	名称	检测步骤	是否可用

（续）

实 物 照 片	名　　称	检 测 步 骤	是 否 可 用

二、根据接线图和布线工艺要求完成布线

1. 安装工艺要求

（1）元器件安装正确牢固，线槽安装横平竖直，连接处严密平整、无缝隙。

（2）为了考虑元器件的散热问题，线槽板不宜与元器件挨得太近，应控制在 5cm 左右。

（3）合理选择导线，布线时主、控线路分类集中，主线路走配电盘的左边，控制线路走配电盘的右边。

（4）放线过程中导线应顺直，不允许有挤压、背扣、扭结和受损等现象；线槽内不允许出现接头，导线接头应放在接线柱上或接线盒内。

（5）线头长短合适，裸露部分不应超过 2mm，严禁伤及线芯和导线绝缘层；线耳方向正确，无反圈。

（6）每个电气元件接线端子上的连接导线不得多于两根，每个接线端子上一般只允许连接一根导线。

（7）每根剥好绝缘的导线两端，应根据原理图套好编码套管。

（8）实训过程中，请认真遵守 7S 现场管理。

（9）安全文明操作。

2. 安装注意事项

（1）所有低压电器安装前必须先检查确保完好后再安装。

（2）交流接触器线圈的额定电压应与线路电压相符。

（3）按钮内接线时，要用适当的力旋拧螺钉，以防螺钉打滑。

（4）电动机必须进行可靠的接地。

（5）必须经过任课教师允许后，方可对线路进行通电试车。

（6）通电试车结束后，先断开电源并拆除电源线后，再拆除电动机线。

三、线路调试

首先直观检查接线是否正确、规范。按电路图或接线图，从电源端开始逐段检查接线及接线端子处线号是否正确、有无漏接或错接之处。检查导线接点是否符合要求、接线是否牢固。同时注意接点接触应良好，以避免带负载运转时产生闪弧现象。

接通 FU，然后将万用表的两只表笔接于 QF 下端 U11、V11 端子做以下几项检查。

（1）检查正反转起动及停车控制。操作按钮前电路处于断路状态。此时应测得的电阻值为 "∞"。然后分别按下 SB2 和 SB3 时，各应测得 KM1 和 KM2 的线圈电阻值。如同时再按下 SB2 和 SB3 时，应测得的电阻值为 "∞"。这是因为在正反转控制支路中串入了 SB2 和 SB3 的常闭触点，当同时按下 SB2 和 SB3 后，此时正反转控制支路均处于开路状态。最后在分别按下 SB2 和 SB3 的同时按下停止按钮 SB1，此时万用表应分别显示线路由通而断。

（2）检查自锁回路。分别按下 KM1 及 KM2 触点架，应分别测得 KM1、KM2 的线圈电阻值，然后再按下停止按钮 SB1，此时万用表的读数应为 "∞"。

（3）检查辅助触点联锁线路。按下 SB2（或 KM1 触点架），测得 KM1 线圈电阻值后，再轻轻按下 KM2 触点架使常闭触点分断（注意不能使 KM2 的常开触点闭合），万用表应显示线路由通而断；用同样方法检查 KM1 对 KM2 的联锁作用。

（4）检查按钮联锁。按下 SB2 测得 KM1 线圈电阻值后，再按下 SB3，此时万用表显示电路由通而断；同样，先按下 SB3 再按下 SB2，也应测得电路由通而断。

四、通电试车

学生通过自检和教师确认无误后，在教师的监护下进行通电试车，其操作方法和步骤如下：

合上电源开关 QF，做以下几项试验：

（1）正反向起动、停车控制。交替按下 SB2、SB3，观察 KM1 和 KM2 受其控制的动作情况，细听它们运行的声音，观察按钮联锁作用是否可靠。

（2）辅助触点联锁作用试验。用绝缘棒按下 KM1 触点架，当其自锁触点闭合时，KM1 线圈立即得电，触点保持闭合；再用绝缘棒轻轻按下 KM2 触点架，使其联锁触点分断，则 KM1 应立即分断；继续将 KM2 的触点架按到底则 KM2 得电动作。再用同样的办法检查 KM1 对 KM2 的联锁作用。反复操作几次，以观察线路联锁作用的可靠性。

学 习 活 动 四 小 组 互 评

学生安装接线完毕，根据评分标准（表5-4-1），让学生以学生的角度来进行互评，通过评分看到别人的优点和自己的不足。

表 5-4-1　评分标准

考核工时：45min　　　　　　　　　　　　　　　　　　　　　　　　　　　　总分：

序号	项　目	考 核 要 求	配分	扣分	说明
1	万用表的使用	正确使用万用表，否则扣 5 分/次： 1. 使用前要调零 2. 测试前要选用正确档位 3. 测试时正确使用表笔 4. 使用后要拨至规定档位			
2	电动机头尾、极数判别及接线	1. 正确判别电动机头尾和极数，否则扣 15 分/项 2. 按图将六线头正确连接，否则扣 15 分			
3	电动机绝缘电阻的测量	1. 绝缘电阻表使用前的开路、短路检测 2. 测试线不交叉且使用接线正确 3. 摇测速度、读数正确 4. 检测项目足够	100		
4	按图接线	1. 按图安装接线，否则扣 30 分 2. 接线桩接线牢固、正确，5 个以下不合格的扣 10 分；5 个以上不合格的扣 20 分；10 个以上不合格的扣 30 分 3. 元器件布置整齐、正确、牢固，否则扣 10 分/个 4. 导线布置整齐、不随意搭线，否则扣 1～15 分			
5	通电试车	正确操作，试车成功： 1. 试车前要验电，否则扣 10 分 2. 因线路接错造成试车不成功，扣 75 分 3. 因操作失误造成试车不成功，扣 45 分			
6	操作安全	造成线路短路的取消考试资格			

学习活动五　理论考点测验

测验时间：60min　　　　　　　　　　　　　　　　　　　　　　　得分：_____

[判断题] 1. 为了防止电气火花、电弧等引燃爆炸物，应选用防爆电气级别和温度组别与环境相适应的防爆电气设备。(1.0 分)

　　○对　　　　　　　　　　○错

[判断题] 2. 对于在易燃、易爆、易灼烧及有静电发生的场所作业的工作人员，不可以发放和使用化纤防护用品。(1.0 分)

　　○对　　　　　　　　　　○错

[判断题] 3. 当电气火灾发生时首先应迅速切断电源，在无法切断电源的情况下，应迅

速选择干粉、二氧化碳等不导电的灭火器材进行灭火。(1.0分)

　　○对　　　　　　　　　　○错

　　[判断题] 4. 从过载角度出发,规定了熔断器的额定电压。(1.0分)

　　○对　　　　　　　　　　○错

　　[判断题] 5. 目前我国生产的接触器额定电流一般大于或等于630A。(1.0分)

　　○对　　　　　　　　　　○错

　　[判断题] 6. 断路器具有过载、短路和欠电压保护功能。(1.0分)

　　○对　　　　　　　　　　○错

　　[判断题] 7. 低压配电屏是按一定的接线方案将有关低压一、二次设备组装起来,每一个主电路方案对应一个或多个辅助方案,从而简化了工程设计。(1.0分)

　　○对　　　　　　　　　　○错

　　[判断题] 8. 行程开关的作用是将机械行走的长度用电信号传出。(1.0分)

　　○对　　　　　　　　　　○错

　　[判断题] 9. 交流接触器的额定电流是在额定的工作条件下所决定的电流值。(1.0分)

　　○对　　　　　　　　　　○错

　　[判断题] 10. 隔离开关用于承担接通和断开电流任务,将电路与电源隔开。(1.0分)

　　○对　　　　　　　　　　○错

　　[判断题] 11. 熔断器的特性是,通过熔体的电压值越高,熔断时间越短。(1.0分)

　　○对　　　　　　　　　　○错

　　[判断题] 12. 组合开关可直接起动5kW以下的电动机。(1.0分)

　　○对　　　　　　　　　　○错

　　[判断题] 13. 热继电器的双金属片弯曲的速度与电流大小有关,电流越大,速度越快,这种特性称为正比时限特性。(1.0分)

　　○对　　　　　　　　　　○错

　　[判断题] 14. 一般情况下,接地电网的单相触电比不接地的电网危险性小。(1.0分)

　　○对　　　　　　　　　　○错

　　[判断题] 15. 触电分为电击和电伤。(1.0分)

　　○对　　　　　　　　　　○错

　　[判断题] 16. 通电时间增加,人体电阻因出汗而增加,导致通过人体的电流减小。(1.0分)

　　○对　　　　　　　　　　○错

　　[判断题] 17. 用钳形表测量电动机空转电流时,不需要档位变换可直接进行测量。(1.0分)

　　○对　　　　　　　　　　○错

　　[判断题] 18. 用钳形表测量电动机空转电流时,可直接用小电流档一次测量出来。(1.0分)

　　○对　　　　　　　　　　○错

　　[判断题] 19. 电压表内阻越大越好。(1.0分)

　　○对　　　　　　　　　　○错

[判断题] 20. 交流钳形表可测量交直流电流。(1.0分)

○对　　　　　　　　○错

[判断题] 21. 电压表在测量时，量程要大于或等于被测线路电压。(1.0分)

○对　　　　　　　　○错

[判断题] 22. 钳形表既能测量交流电流，也能测量直流电流。(1.0分)

○对　　　　　　　　○错

[判断题] 23. 电压的大小用电压表来测量，测量时将其串联在电路中。(1.0分)

○对　　　　　　　　○错

[判断题] 24. 电容器的容量就是电容量。(1.0分)

○对　　　　　　　　○错

[判断题] 25. 补偿电容器的容量越大越好。(1.0分)

○对　　　　　　　　○错

[判断题] 26. 检查电容器时，只要检查电压是否符合要求即可。(1.0分)

○对　　　　　　　　○错

[判断题] 27. 电工特种作业人员应当具备高中或相当于高中以上文化程度。(1.0分)

○对　　　　　　　　○错

[判断题] 28. 有美尼尔氏综合征的人不得从事电工作业。(1.0分)

○对　　　　　　　　○错

[判断题] 29. 电工应做好用电人员在特殊场所作业的监护作业。(1.0分)

○对　　　　　　　　○错

[判断题] 30. 接地线是当在已停电的设备和线路上意外地出现电压时保护工作人员的重要工具。按规定，接地线必须由截面积25mm² 以上裸铜软线制成。(1.0分)

○对　　　　　　　　○错

[判断题] 31. 在安全色标中用红色表示禁止、停止或消防。(1.0分)

○对　　　　　　　　○错

[判断题] 32. 常用的绝缘安全防护用具包括绝缘手套、绝缘靴、绝缘隔板、绝缘垫、绝缘站台等。(1.0分)

○对　　　　　　　　○错

[判断题] 33. 使用直梯作业时，梯子放置与地面呈50°左右为宜。(1.0分)

○对　　　　　　　　○错

[判断题] 34. 事故照明不允许和其他照明共用同一线路。(1.0分)

○对　　　　　　　　○错

[判断题] 35. 吊灯安装在桌子上方时，与桌子的垂直距离不少于1.5m。(1.0分)

○对　　　　　　　　○错

[判断题] 36. 不同电压的插座应有明显区别。(1.0分)

○对　　　　　　　　○错

[判断题] 37. 为了有明显区别，并列安装的同型号开关应位于不同高度，错落有致。(1.0分)

○对　　　　　　　　○错

[判断题] 38. 低压验电笔可以验出 500V 以下的电压。(1.0分)
○对　　　　　　　　　○错

[判断题] 39. 用验电笔验电时，应赤脚站立，保证与大地有良好的接触。(1.0分)
○对　　　　　　　　　○错

[判断题] 40. 锡焊晶体管等弱电元器件应用 100W 的电烙铁。(1.0分)
○对　　　　　　　　　○错

[判断题] 41. 手持式电动工具的接线可以随意加长。(1.0分)
○对　　　　　　　　　○错

[判断题] 42. 剥线钳是用来剥削小导线头部表面绝缘层的专用工具。(1.0分)
○对　　　　　　　　　○错

[判断题] 43. 移动电气设备可以参考手持电动工具的有关要求进行使用。(1.0分)
○对　　　　　　　　　○错

[判断题] 44. 额定电压为 380V 的熔断器可用在 220V 的线路中。(1.0分)
○对　　　　　　　　　○错

[判断题] 45. 在断电之后，电动机停转，当电网再次来电时，电动机能自行起动的运行方式称为失电压保护。(1.0分)
○对　　　　　　　　　○错

[判断题] 46. 绝缘体被击穿时的电压称为击穿电压。(1.0分)
○对　　　　　　　　　○错

[判断题] 47. 熔断器在所有电路中，都能起到过载保护作用。(1.0分)
○对　　　　　　　　　○错

[判断题] 48. 在选择导线时必须考虑线路投资，但导线截面积不能太小。(1.0分)
○对　　　　　　　　　○错

[判断题] 49. 截面积较小的单股导线平接时可采用绞接法。(1.0分)
○对　　　　　　　　　○错

[判断题] 50. 雷击产生的高电压和耀眼的白光可对电气装置和建筑物及其他设施造成毁坏，电力设施或电力线路遭破坏可能导致大规模停电。(1.0分)
○对　　　　　　　　　○错

[判断题] 51. 防雷装置应沿建筑物的外墙敷设，并经最短途径接地，如有特殊要求可以暗敷。(1.0分)
○对　　　　　　　　　○错

[判断题] 52. 雷电可通过其他带电体或直接对人体放电，使人的身体遭到巨大的破坏直至死亡。(1.0分)
○对　　　　　　　　　○错

[判断题] 53. 雷电按其传播方式可分为直击雷和感应雷两种。(1.0分)
○对　　　　　　　　　○错

[判断题] 54. PN 结正向导通时，其内外电场方向一致。(1.0分)
○对　　　　　　　　　○错

[判断题] 55. 载流导体在磁场中一定受到磁场力的作用。(1.0分)

○对　　　　　　　　　○错

[判断题] 56. 磁力线是一种闭合曲线。(1.0分)

○对　　　　　　　　　○错

[判断题] 57. 在三相交流电路中，负载为三角形联结时，其相电压等于三相电源的线电压。(1.0分)

○对　　　　　　　　　○错

[判断题] 58. 并联电路的总电压等于各支路电压之和。(1.0分)

○对　　　　　　　　　○错

[判断题] 59. 导电性能介于导体和绝缘体之间的物体称为半导体。(1.0分)

○对　　　　　　　　　○错

[判断题] 60. 三相异步电动机的转子导体中会形成电流，其电流方向可用右手定则判定。(1.0分)

○对　　　　　　　　　○错

[判断题] 61. 异步电动机的转差率是旋转磁场的转速与电动机转速之差与旋转磁场的转速之比。(1.0分)

○对　　　　　　　　　○错

[判断题] 62. 再生发电制动只用于电动机转速高于同步转速的场合。(1.0分)

○对　　　　　　　　　○错

[判断题] 63. 同一电气元器件的各部件分散地画在原理图中必须按顺序标注文字符号。(1.0分)

○对　　　　　　　　　○错

[判断题] 64. 电动机在检修，并经各项检查合格后，方可进行空载试验和短路试验。(1.0分)

○对　　　　　　　　　○错

[判断题] 65. 对电动机轴承润滑的检查，可通电转动电动机转轴，看是否转动灵活，听有无异声。(1.0分)

○对　　　　　　　　　○错

[判断题] 66. 在电气原理图中，当触点图形垂直放置时，以"左开右闭"原则绘制。(1.0分)

○对　　　　　　　　　○错

[判断题] 67. 在高压操作中，无遮栏作业人体或其所携带工具与带电体之间的距离应不少于0.7m。(1.0分)

○对　　　　　　　　　○错

[判断题] 68. 选择RCD（Residual Current Device，剩余电流装置）必须考虑用电设备和电路正常泄漏电流的影响。(1.0分)

○对　　　　　　　　　○错

[判断题] 69. 机关、学校、企业、住宅等建筑物内的插座回路不需要安装剩余电流动作保护装置。(1.0分)

○对　　　　　　　　　○错

[判断题] 70. 剩余电流动作保护装置主要用于1000V以下的低压系统。（1.0分）

○对　　　　　　　　　　○错

[单选题] 71. 在易燃、易爆危险场所，电气设备应安装（　　）的电气设备。（1.0分）（在正确选项○中打钩）

○安全电压　　　　　　○密封性好　　　　　　○防爆型

[单选题] 72. 交流接触器的额定工作电压，是指在规定条件下，能保证电器正常工作的（　　）电压。（1.0分）

○最低　　　　　　　　○最高　　　　　　　　○平均

[单选题] 73. 在半导体电路中，主要选用快速熔断器作（　　）保护。（1.0分）

○短路　　　　　　　　○过电压　　　　　　　○过热

[单选题] 74. 在电力控制系统中，使用最广泛的是（　　）式交流接触器。（1.0分）

○气动　　　　　　　　○电磁　　　　　　　　○液动

[单选题] 75. 行程开关的组成包括（　　）。（1.0分）

○线圈部分　　　　　　○保护部分　　　　　　○反力系统

[单选题] 76. 人的室颤电流约为（　　）mA。（1.0分）

○16　　　　　　　　　○30　　　　　　　　　○50

[单选题] 77. 电流对人体的热效应造成的伤害是（　　）。（1.0分）

○电烧伤　　　　　　　○电烙印　　　　　　　○皮肤金属化

[单选题] 78. 用绝缘电阻表测量电阻的单位是（　　）。（1.0分）

○Ω　　　　　　　　　○kΩ　　　　　　　　　○MΩ

[单选题] 79. 接地电阻测量仪是测量（　　）的装置。（1.0分）

○绝缘电阻　　　　　　○直流电阻　　　　　　○接地电阻

[单选题] 80. 钳形表测量电流时，可以在（　　）电路的情况下进行。（1.0分）

○断开　　　　　　　　○短接　　　　　　　　○不断开

[单选题] 81. 并联电力电容器的作用是（　　）。（1.0分）

○降低功率因数　　　　○提高功率因数　　　　○维持电流

[单选题] 82. 特种作业操作证每（　　）年复审一次。（1.0分）

○5　　　　　　　　　　○4　　　　　　　　　　○3

[单选题] 83. 按国际和我国标准，保护接地线或保护接零线应用（　　）线。（1.0分）

○黑色　　　　　　　　○蓝色　　　　　　　　○绿-黄双色

[单选题] 84. 高压验电笔的发光电压不应高于额定电压的（　　）%。（1.0分）

○25　　　　　　　　　○50　　　　　　　　　○75

[单选题] 85. 当断路器动作后，用手触摸其外壳，发现开关外壳较热，则动作的可能是（　　）。（1.0分）

○短路　　　　　　　　○过载　　　　　　　　○欠电压

[单选题] 86. 一般照明的电源优先选用（　　）V。（1.0分）

○220　　　　　　　　○380　　　　　　　　○36

[单选题] 87. 在检查插座时，验电笔在插座的两个孔均不亮，首先判断是（　　）。（1.0分）

○短路　　　　　　　　○相线断线　　　　　　○中性线断线

[单选题] 88. 在一般场所，为保证使用安全，应选用（　　）电动工具。(1.0分)

○Ⅰ类　　　　　　　　○Ⅱ类　　　　　　　　○Ⅲ类

[单选题] 89. 绝缘材料的耐热等级为 E 级时，其极限工作温度为（　　）℃。(1.0分)

○90　　　　　　　　　○105　　　　　　　　○120

[单选题] 90. 下列材料不能作为导线使用的是（　　）。(1.0分)

○铜绞线　　　　　　　○钢绞线　　　　　　　○铝绞线

[单选题] 91. 热继电器的整定电流为电动机额定电流的（　　）%。(1.0分)

○100　　　　　　　　　○120　　　　　　　　○130

[单选题] 92. 变压器和高压开关柜防止雷电侵入产生破坏的主要措施是（　　）。(1.0分)

○安装避雷器　　　　　○安装避雷线　　　　　○安装避雷网

[单选题] 93. 在三相对称交流电源星形联结中，线电压超前于所对应的相电压（　　）。(1.0分)

○120°　　　　　　　　○30°　　　　　　　　○60°

[单选题] 94. 串联电路中各电阻两端电压的关系是（　　）。(1.0分)

○各电阻两端电压相等

○阻值越小，两端电压越高

○阻值越大，两端电压越高

[单选题] 95. 三相四线制的中性线截面积一般（　　）相线截面积。(1.0分)

○大于　　　　　　　　○小于　　　　　　　　○等于

[单选题] 96. 三相异步电动机一般可直接起动的功率为（　　）kW 以下。(1.0分)

○7　　　　　　　　　　○10　　　　　　　　○16

[单选题] 97. 电动机（　　）作为电动机磁通的通路，要求材料有良好的导磁性能。(1.0分)

○机座　　　　　　　　○端盖　　　　　　　　○定子铁心

[单选题] 98. （　　）的电动机，在通电前，必须先做各绕组的绝缘电阻检查，合格后才可通电。(1.0分)

○一直在用，停止没超过一天

○不常用，但电动机刚停止不超过一天

○新装或未用过的

[单选题] 99. 在不接地系统中，如发生单相接地故障时，其他相线对地电压会（　　）。(1.0分)

○升高　　　　　　　　○降低　　　　　　　　○不变

[单选题] 100. 在选择剩余电流动作保护装置的灵敏度时，要避免由于正常（　　）引起的不必要动作而影响正常供电。(1.0分)

○泄漏电流　　　　　　○泄漏电压　　　　　　○泄漏功率

学习任务六

电流互感器过载保护线路安装与调试

► 任务简介

根据图 6-1 给出的电气原理图对线路进行安装和调试。要求在规定时间内完成安装、调试，并交指导教师验收。

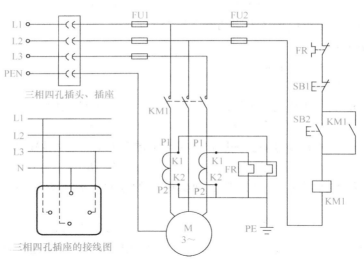

图 6-1 电流互感器过载保护线路原理图

► 任务目标

知识目标：

（1）掌握电流互感器的结构、用途、工作原理和选用原则。

（2）正确理解电流互感器过载保护线路的工作原理。

（3）能正确识读电流互感器过载保护线路的原理图、接线图和布置图。

能力目标：

（1）会按照工艺要求正确安装电流互感器过载保护线路。

（2）掌握电流互感器过载保护线路中电流互感器的接线方式和选用原则。

素质目标：

养成独立思考和动手操作的习惯，培养小组协调能力和互相学习的精神。

学习活动一　电工理论知识

电流互感器

互感器是按比例变换电压或电流的设备，其功能主要是将高电压或大电流按比例变换成标准低电压（100V）或标准小电流（5A或1A，均指额定值），以便实现测量仪表、保护设备及自动控制设备的标准化、小型化。同时互感器还可用来隔开高电压系统，以保证人身和设备的安全，按比例变换电压或电流。电流互感器的实物及电气符号如图6-1-1所示。

图6-1-1　电流互感器的实物及电气符号

1. 电流互感器作用

电力线路中的电流各不相同，通过电流互感器一、二次绕组匝数比的配置，可以将不同的一次电流变换成较小的标准电流值；电流互感器的一、二次绕组之间有足够的绝缘，从而保证所有低电压电器设备与高电压电力线路相隔离。

2. 电流互感器结构

电流互感器的结构如图6-1-2所示，主要由闭合铁心以及绕在该铁心上的一次绕组W1、二次绕组W2和一些安装部件组成，一、二次绕组之间，绕组与铁心之间均有绝缘隔离。低压线路中常用的穿心式电流互感器的结构如图6-1-3所示。

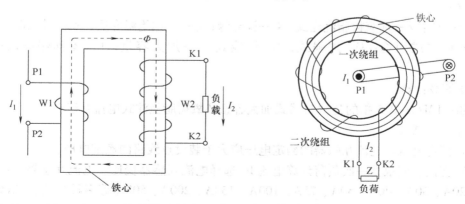

图6-1-2　电流互感器的结构　　　　图6-1-3　穿心式电流互感器的结构

3. 电流互感器工作原理

如图 6-1-2 所示，电流互感器的一次绕组串联在电力线路中，线路电流就是互感器的一次电流 I_1，二次绕组外部接有负荷，形成闭合回路。当电流 I_1 流过互感器的一次绕组时，建立一次磁动势，I_1 与一次绕组匝数 N_1 的乘积就是一次磁动势，也称一次安匝。一次磁动势分为两部分，其中一小部分用来励磁，使铁心中产生磁通；另外一大部分用来平衡二次磁动势。二次磁动势也称二次安匝，是二次电流 I_2 与二次绕组匝数 N_2 的乘积，忽略很小的励磁安匝的情况下，就会有一次安匝等于二次安匝，即

$$I_1 N_1 = I_2 N_2$$

额定一次电流与额定二次电流之比称为电流互感器的额定电流比（变比），用 K_N 表示，即

$$K_N = I_1 / I_2 = N_2 / N_1$$

4. 电流互感器分类

电流互感器按一次绕组结构分为单匝式和多匝式。

单匝式：电流互感器一次绕组仅有一匝，它用汇流排或导电杆从窗口穿过并且固定，主要适用于一次电流为 300A 以上的电流互感器。其特点是性能稳定。

多匝式：一次绕组匝数多于一匝，一般用于一次电流为 150A 以下的电流互感器。其特点是制作的互感器准确度较高。

5. 电流互感器型号及含义

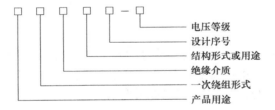

具体说明如下：

产品用途：L—电流互感器；J—电压互感器；

一次绕组形式：Q—线圈式；M—母线式；K—开合式；F—（复匝）贯穿式；D—（单匝）贯穿式；

绝缘介质：Z—环氧树脂浇注式；C—瓷绝缘；Q—气体绝缘介质；W—微机保护专用；

结构形式或用途：Q—加强式；L—铝线式；J—加大容量；D—差动保护用；B—保护用；

电压等级：kV。

例如：LMZJ1-0.5 指的是"母线式加大容量环氧树脂浇注式电流互感器"。

6. 电流互感器电气参数

（1）额定电压。电流互感器的额定电压应大于装设点线路的额定电压。

（2）变比。应根据一次负荷计算电流 IC 选择电流互感器变比。电流互感器一次侧额定电流有 20A、30A、40A、50A、75A、100A、150A、200A、500A 等多种规格，二次侧额定电流通常为 1A 或 5A。一般情况下，计量用电流互感器电流比的选择应使其一次额定电流 I_1

不小于线路中的负荷电流（即计算 I_c）。如线路中负荷计算电流为350A，则电流互感器的电流比应选择400/5。保护用的电流互感器为保证其准确度要求，可以将电流比选得大一些。

（3）准确级。应根据测量准确度要求选择电流互感器的准确级，并进行校验。

7. 电流互感器使用注意事项

（1）穿心式电流互感器一次侧标有 P1、P2 或 L1、L2 字样，一次侧从 P1 或 L1 流入电流互感器的一次电流与二次侧电流互感器 K1（S1）端子流出的电流相位是一致的，在连接有方向性的仪表如电度表、功率表等时，要注意接线的极性，如果只接电流表，则不影响电流表的指示。

（2）一般情况下，100/5 的穿心式电流互感器不能接 200/5 的电流表，但在实际应用中，100/5 的电流互感器接 200/5 的电流表也可以运行，只是读取的电流表数值除以 2，所得的数值即二次电流值。

（3）穿心式互感器的一次绕组匝数按照图 6-1-4 的接法，才算作是一匝、两匝、三匝。

a) 一匝　　b) 两匝　　c) 三匝

图 6-1-4　一次绕组匝数示意图

学习活动二　安装前的准备

一、认识元器件

（1）选出电流互感器过载保护线路（图 6-1）中所用到的各种电气元器件，查阅相关资料，对照图片写出其名称、符号及功能，见表 6-2-1。

表 6-2-1　元器件明细表

实物照片	名称	文字符号及图形符号	功能与用途

（续）

实 物 照 片	名　　称	文字符号及图形符号	功能与用途

（2）电流互感器的 P1、P2 及 K1、K2 分别代表什么？在线路中如何连接？

二、识读电气原理图

（1）本电路采用什么插头？电路中的 PE、N、PEN 分别指的是什么？

（2）写出本电路中电流互感器的作用。

（3）电流互感器的二次侧为什么要接地？可以空接吗？

（4）写出本电路的工作原理。

三、布置图和接线图

1. 布置图

布置图（又称电气元器件位置图）主要用来表明电气系统中所有电气元器件的实际位置，为生产机械电气控制设备的制造、安装提供必要的资料。一般情况下，布置图是与接线图组合在一起使用的，以便清晰地表示出所使用电气元器件的实际安装位置。

2. 接线图

接线图用规定的图形符号按各电气元器件相对位置进行绘制，表示各电气元器件的相对位置和它们之间的电路连接状况。在绘制时，不但要画出控制柜内部各电气元器件之间的连接方式，还要画出外部相关电气元器件的连接方式。接线图中的回路标号是电气设备之间、电气元器件之间、导线与导线之间的连接标记，其文字符号和数字符号应与原理图中的标号一致。

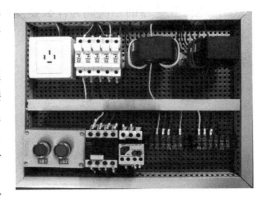

图 6-2-1　线路安装实物图

按照接线图进行线路安装，安装完成后效果如图 6-2-1 所示。

学习活动三　现场安装与调试

▷▷ 活动步骤

本活动的基本实施步骤如下：
元器件检测→定位元器件→安装元器件→接线→自检→通电试车（调试）→交付验收。

一、元器件检测（表 6-3-1）

表 6-3-1　元器件检测表

实物照片	名　称	检测步骤	检查结果

（续）

实　物　照　片	名　　称	检 测 步 骤	检 查 结 果
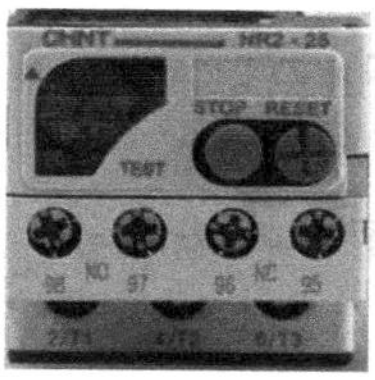			
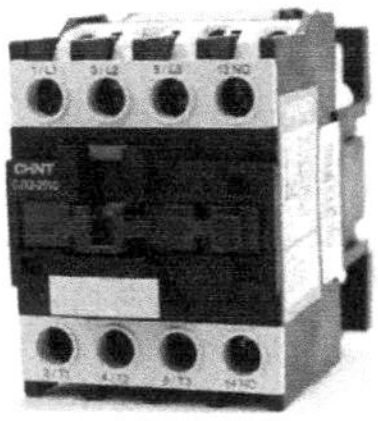			

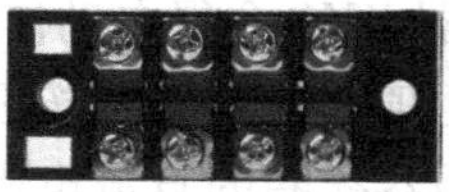			

二、根据接线图和布线工艺要求完成布线

1. 安装工艺要求

（1）元器件安装正确牢固，线槽安装横平竖直，连接处严密平整、无缝隙。

（2）为了考虑元器件的散热问题，线槽板不宜与元器件挨得太近，应控制在 5cm 左右。

（3）合理选择导线，布线时主、控线路分类集中，主线路走配电盘的左边，控制线路

走配电盘的右边。

（4）放线过程中导线应顺直，不允许有挤压、背扣、扭结和受损等现象；线槽内不允许出现接头，导线接头应放在接线柱上或接线盒内。

（5）线头长短合适，裸露部分不应超过2mm，严禁伤及线芯和导线绝缘层；线耳方向正确，无反圈。

（6）每个电气元器件接线端子上的连接导线不得多于两根，每个接线端子上一般只允许连接一根导线。

（7）实训过程中，请认真遵守7S现场管理。

（8）安全文明操作。

2. 安装注意事项

（1）所有低压电器安装前必须先检查，确保完好后再安装。

（2）交流接触器线圈的额定电压应与线路电压相符。

（3）按钮内接线时，要用适当的力旋拧螺钉，以防螺钉打滑。

（4）电动机必须进行可靠的接地。

（5）必须经过任课教师允许后，方可对线路进行通电试车。

（6）通电试车结束后，先断开电源并拆除电源线后，再拆除电动机线。

三、线路调试

首先直观检查接线是否正确、规范。按电路图或接线图，从电源端开始逐段检查接线及接线端子处线号是否正确、有无漏接或错接之处。检查导线接点是否符合要求、接线是否牢固。同时注意接点接触应良好，以避免带负载运转时产生闪弧现象。

1. 主电路的检测

断开电源，万用表选用倍率适当的电阻档，并进行校零。断开熔断器FU2以切断控制电路。然后将两支表笔分别接熔断器FU1上端，两两测量相间电阻值，测得的读数应为"∞"；再按下KM1的触点架，两两测得读数应为电动机两相绕组的直流电阻值。

2. 控制电路检测

（1）起停控制电路的检查。检查时，断开电源，选用倍率适当的电阻档，并进行调零，然后将万用表的两只表笔分别放在熔断器FU2上端的接线端上，此时的电阻值应为"∞"；若读数为0，则说明线路存在短路现象；若读数为交流接触器线圈的直流电阻值，则说明线路接错会造成线路通电后，未按下起动按钮SB2的情况下，接触器KM1会得电动作。

按下起动按钮SB2，万用表的读数应为接触器线圈的直流电阻值。松开起动按钮后，此时读数应为"∞"。再按下起动按钮SB2，万用表的读数应为接触器线圈的直流电阻值，然后按下停止按钮SB1后，此时的读数应为"∞"。

（2）自锁电路的检测。将万用表的表笔分别放在熔断器FU2上端的接线端上，人为地压下接触器的辅助常开触点（或用一根导线短接自锁触点），此时万用表的读数应为接触器线圈的直流电阻值；再按下停止按钮SB1，此时的读数应为"∞"。

四、通电试车

通过自检和教师确认无误后，在教师的监护下进行通电试车。其操作方法和步骤如下：

将三相四孔插头插到插座上，用验电笔进行验电，电源正常后，做以下几项试验：

（1）按下起动按钮 SB2，接触器 KM1 得电吸合，电动机得电运转；松开按钮 SB2，接触器自锁保持得电状态，电动机持续运行。

（2）按下停止按钮 SB1 后，接触器 KM1 线圈断电，主触点、辅助触点复位，电动机断电停止运行。

（3）反复操作几次起停控制，以检验线路的可靠性。

（4）通电试车完毕后，应断开电源，以保证安全，并进行小组互评。

学习活动四　小组互评

学生安装接线完毕，根据评分标准（表 6-4-1），让学生从学生的角度来进行互评，通过评分看到别人的优点和自己的不足。

表 6-4-1　评分标准

考核工时：45min　　　　　　　　　　　　　　　　　　　　　　　　　　　　　　　　　　总分：

序号	项　目	考核要求	配分	扣分	说明
1	万用表的使用	正确使用万用表，否则扣 5 分/项： 1. 使用前要调零 2. 测试前要选用正确档位 3. 使用后要拨至规定档位			
2	电流互感器同名端判别	正确判别电流互感器同名端，否则扣 30 分/项			
3	电容好坏判别	正确判别电容器的好坏，否则扣 15 分			
4	按图接线	按图正确安装： 1. 按图安装接线，否则扣 30 分 2. 接线桩接线牢固、正确，5 个以下不合格扣 10 分；5 个以上不合格扣 15 分 3. 元件布置整齐、正确、牢固，否则扣 10 分/个 4. 导线布置整齐、不随意搭线，否则扣 10 分	100		
5	通电试车	正确操作，试车成功： 1. 试车前要验电，否则扣 10 分 2. 因线路接错造成试车不成功，扣 75 分 3. 因操作失误造成试车不成功，扣 45 分			
6	操作安全	造成线路短路的取消考试资格			

学习活动五　理论考点测验

测验时间：60min　　　　　　　　　　　　　　　　　　得分：＿＿＿＿＿＿

[判断题] 1. 当电气火灾发生时，如果无法切断电源，就只能带电灭火，并选择干粉或者二氧化碳灭火器，尽量少用水基型灭火器。(1.0分)

　　○对　　　　　　　　　　○错

[判断题] 2. 使用电气设备时，由于导线截面积选择过小，当电流较大时也会因发热过大而引发火灾。(1.0分)

　　○对　　　　　　　　　　○错

[判断题] 3. 电气设备缺陷、设计不合理、安装不当等都是引发火灾的重要原因。(1.0分)

　　○对　　　　　　　　　　○错

[判断题] 4. 从过载角度出发，规定了熔断器的额定电压。(1.0分)

　　○对　　　　　　　　　　○错

[判断题] 5. 分断电流能力是各类刀开关的主要技术参数之一。(1.0分)

　　○对　　　　　　　　　　○错

[判断题] 6. 组合开关在选作直接控制电机时，要求其额定电流可取电动机额定电流的2～3倍。(1.0分)

　　○对　　　　　　　　　　○错

[判断题] 7. 安全可靠是对任何开关电器的基本要求。(1.0分)

　　○对　　　　　　　　　　○错

[判断题] 8. 中间继电器实际上是一种动作与释放值可调节的电压继电器。(1.0分)

　　○对　　　　　　　　　　○错

[判断题] 9. 自动切换电器是依靠本身参数的变化或外来信号而自动进行工作的。(1.0分)

　　○对　　　　　　　　　　○错

[判断题] 10. 交流接触器的额定电流，是在额定的工作条件下所决定的电流值。(1.0分)

　　○对　　　　　　　　　　○错

[判断题] 11. 低压配电屏是按一定的接线方案将有关低压一、二次设备组装起来，每一个主电路方案对应一个或多个辅助方案，从而简化了工程设计。(1.0分)

　　○对　　　　　　　　　　○错

[判断题] 12. 热继电器是利用双金属片受热弯曲而推动触点动作的一种保护电器，它主要用于线路的速断保护。(1.0分)

　　○对　　　　　　　　　　○错

[判断题] 13. 封闭式开关熔断器组（俗称铁壳开关）安装时外壳必须可靠接地。(1.0分)

○对　　　　　　　　　○错

[判断题] 14. 据统计，部分省市农村触电事故要少于城市的触电事故。(1.0分)

○对　　　　　　　　　○错

[判断题] 15. 触电分为电击和电伤。(1.0分)

○对　　　　　　　　　○错

[判断题] 16. 两相触电危险性比单相触电小。(1.0分)

○对　　　　　　　　　○错

[判断题] 17. 用万用表 $R \times 10k$ 电阻档测量二极管时，红表笔接二极管一个管脚，黑表笔接另一个管脚，测得的电阻值约为几百欧姆，反向测量时电阻值很大，则该二极管是好的。(1.0分)

○对　　　　　　　　　○错

[判断题] 18. 用钳形表测量电动机空转电流时，可直接用小电流档一次测量出来。(1.0分)

○对　　　　　　　　　○错

[判断题] 19. 电压的大小用电压表来测量，测量时将其串联在电路中。(1.0分)

○对　　　　　　　　　○错

[判断题] 20. 电压表内阻越大越好。(1.0分)

○对　　　　　　　　　○错

[判断题] 21. 接地电阻表主要由手摇发电机、电流互感器、电位器以及检流计组成。(1.0分)

○对　　　　　　　　　○错

[判断题] 22. 万用表使用后，转换开关可置于任意位置。(1.0分)

○对　　　　　　　　　○错

[判断题] 23. 接地电阻测试仪就是测量线路的绝缘电阻的仪器。(1.0分)

○对　　　　　　　　　○错

[判断题] 24. 当电容器测量时万用表指针摆动后停止不动，说明电容器短路。(1.0分)

○对　　　　　　　　　○错

[判断题] 25. 检查电容器时，只要检查电压是否符合要求即可。(1.0分)

○对　　　　　　　　　○错

[判断题] 26. 如果电容器运行时，检查发现温度过高，应加强通风。(1.0分)

○对　　　　　　　　　○错

[判断题] 27. 《中华人民共和国安全生产法》第二十七条规定，生产经营单位的特种作业人员必须按照国家有关规定经专门的安全作业培训，取得相应资格，方可上岗作业。(1.0分)

○对　　　　　　　　　○错

[判断题] 28. 特种作业操作证每一年由考核发证部门复审一次。(1.0分)

○对　　　　　　　　　○错

[判断题] 29. 电工应做好用电人员在特殊场所作业的监护作业。(1.0分)

○对　　　　　　　　　○错

[判断题] 30. 挂登高板时，应钩口向外并且向上。(1.0分)

○对　　　　　　　○错

[判断题] 31. 使用直梯作业时，梯子放置与地面呈50°左右为宜。(1.0分)

○对　　　　　　　○错

[判断题] 32. 验电是保证电气作业安全的技术措施之一。(1.0分)

○对　　　　　　　○错

[判断题] 33. 常用的绝缘安全防护用具有绝缘手套、绝缘靴、绝缘隔板、绝缘垫、绝缘站台等。(1.0分)

○对　　　　　　　○错

[判断题] 34. 荧光灯点亮后，镇流器起降压限流作用。(1.0分)

○对　　　　　　　○错

[判断题] 35. 在带电维修线路时，应站在绝缘垫上。(1.0分)

○对　　　　　　　○错

[判断题] 36. 验电笔在使用前必须确认其良好。(1.0分)

○对　　　　　　　○错

[判断题] 37. 不同电压的插座应有明显区别。(1.0分)

○对　　　　　　　○错

[判断题] 38. 当拉下总开关后，线路即视为无电。(1.0分)

○对　　　　　　　○错

[判断题] 39. 白炽灯属热辐射光源。(1.0分)

○对　　　　　　　○错

[判断题] 40. 移动电气设备电源应采用高强度铜芯橡皮护套硬绝缘电缆。(1.0分)

○对　　　　　　　○错

[判断题] 41. 移动电气设备可以参考手持电动工具的有关要求进行使用。(1.0分)

○对　　　　　　　○错

[判断题] 42. 一号电工刀比二号电工刀的刀柄长度长。(1.0分)

○对　　　　　　　○错

[判断题] 43. Ⅱ类手持电动工具比Ⅰ类工具安全可靠。(1.0分)

○对　　　　　　　○错

[判断题] 44. 导线接头位置应尽量在绝缘子固定处，以方便统一扎线。(1.0分)

○对　　　　　　　○错

[判断题] 45. 额定电压为380V的熔断器可用在220V的线路中。(1.0分)

○对　　　　　　　○错

[判断题] 46. 导线接头的抗拉强度必须与原导线的抗拉强度相同。(1.0分)

○对　　　　　　　○错

[判断题] 47. 在选择导线时必须考虑线路投资，但导线截面积不能太小。(1.0分)

○对　　　　　　　○错

[判断题] 48. 导线连接时必须注意做好防腐措施。(1.0分)

○对　　　　　　　○错

［判断题］49. 过载是指线路中的电流大于线路的计算电流或允许载流量。（1.0分）
　○对　　　　　　　　○错

［判断题］50. 雷电后造成架空线路产生高电压冲击波，这种雷电称为直击雷。（1.0分）
　○对　　　　　　　　○错

［判断题］51. 雷电按其传播方式可分为直击雷和感应雷两种。（1.0分）
　○对　　　　　　　　○错

［判断题］52. 雷电时，应禁止屋外高空检修、试验和屋内验电等作业。（1.0分）
　○对　　　　　　　　○错

［判断题］53. 雷电可通过其他带电体或直接对人体放电，使人的身体遭到巨大的破坏直至死亡。（1.0分）
　○对　　　　　　　　○错

［判断题］54. 正弦交流电的周期与角频率的关系是互为倒数。（1.0分）
　○对　　　　　　　　○错

［判断题］55. 右手定则可用于判定直导体做切割磁力线运动时所产应的感应电流方向。（1.0分）
　○对　　　　　　　　○错

［判断题］56. 无论在任何情况下，晶体管都具有电流放大功能。（1.0分）
　○对　　　　　　　　○错

［判断题］57. 对称的三相电源是由振幅相同、初相位依次相差120°的正弦电源连接组成的供电系统。（1.0分）
　○对　　　　　　　　○错

［判断题］58. 规定小磁针的北极所指的方向是磁力线的方向。（1.0分）
　○对　　　　　　　　○错

［判断题］59. 电流和磁场密不可分，磁场总是伴随着电流而存在，而电流永远被磁场所包围。（1.0分）
　○对　　　　　　　　○错

［判断题］60. 电动机在正常运行时，如闻到焦臭味，则说明电动机速度过快。（1.0分）
　○对　　　　　　　　○错

［判断题］61. 对绕线转子异步电动机应经常检查电刷与集电环的接触及电刷的磨损、压力、火花等情况。（1.0分）
　○对　　　　　　　　○错

［判断题］62. 对电动机各绕组进行绝缘检查时，如测出绝缘电阻不合格，不允许通电运行。（1.0分）
　○对　　　　　　　　○错

［判断题］63. 转子串频敏变阻器起动的转矩大，适合重载起动。（1.0分）
　○对　　　　　　　　○错

［判断题］64. 电动机在检修后，经各项检查合格后，就可对电动机进行空载试验和短路试验。（1.0分）

○对   ○错

[判断题] 65. 电气安装接线图中，同一电气元器件的各部分必须画在一起。（1.0分）

○对   ○错

[判断题] 66. 交流电动机铭牌上的频率是此电动机使用的交流电源的频率。（1.0分）

○对   ○错

[判断题] 67. SELV（Safety Extra Low Voltage，安全最低电压）只作为接地系统的电击保护。（1.0分）

○对   ○错

[判断题] 68. 保护接零适用于中性点直接接地的配电系统中。（1.0分）

○对   ○错

[判断题] 69. 选择 RCD（Residual Current Device，剩余电流装置）必须考虑用电设备和电路正常泄漏电流的影响。（1.0分）

○对   ○错

[判断题] 70. 剩余电流动作保护装置主要用于1000V以下的低压系统。（1.0分）

○对   ○错

[单选题] 71. 电气火灾发生时，应先切断电源再扑救，但不知或不清楚开关在何处时，应剪断电线，剪切时要(   )。（1.0分）（在正确选项○中打钩）

○几根线迅速同时剪断

○不同相线在不同位置剪断

○在同一位置一根一根剪断

[单选题] 72. 更换熔体或熔管必须在(   )的情况下进行。（1.0分）

○带电   ○不带电   ○带负载

[单选题] 73. 低压电器可以为低压配电电器和(   )电器。（1.0分）

○低压控制   ○电压控制   ○低压电动

[单选题] 74. 在电力控制系统中，使用最广泛的是(   )式交流接触器。（1.0分）

○气动   ○电磁   ○液动

[单选题] 75. 交流接触器的机械寿命是指在不带负载时的操作次数，一般达到(   )。（1.0分）

○ 10 万次以下   ○ 600~1000 万次   ○ 10000 万次以上

[单选题] 76. 脑细胞对缺氧最敏感，一般缺氧超过(   )min 就会造成不可逆转的损害导致脑死亡。（1.0分）

○ 5   ○ 8   ○ 12

[单选题] 77. 如果触电者心跳停止，有呼吸，应立即对触电者施行(   )急救。（1.0分）

○仰卧压胸法   ○胸外心脏按压法   ○俯卧压背法

[单选题] 78. 用绝缘电阻表测量电阻的单位是(   )。（1.0分）

○ Ω   ○ kΩ   ○ MΩ

[单选题] 79. 万用表电压量程 2.5V 是当指针指在(   )位置时电压值为 2.5V。（1.0分）

○ 1/2 量程   ○满量程   ○ 2/3 量程

［单选题］80. 测量电动机线圈对地的绝缘电阻时，绝缘电阻表的"L""E"两个接线柱应（　　）。（1.0分）

○ "E"接电动机出线的端子，"L"接电动机的外壳

○ "L"接电动机出线的端子，"E"接电动机的外壳

○随便接，没有规定

［单选题］81. 电容器在用万用表检查时指针摆动后应该（　　）。（1.0分）

○保持不动　　　　　　　○逐渐回摆　　　　　　○来回摆动

［单选题］82. 特种作业操作证每（　　）年复审一次。（1.0分）

○ 5　　　　　　　　　　○ 4　　　　　　　　　　○ 3

［单选题］83. （　　）是保证电气作业安全的技术措施之一。（1.0分）

○工作票制度　　　　　　○验电　　　　　　　　○工作许可制度

［单选题］84. "禁止合闸，有人工作"的标志牌应制作为（　　）。（1.0分）

○白底红字　　　　　　　○红底白字　　　　　　○白底绿字

［单选题］85. 电感式荧光灯镇流器的内部是（　　）。（1.0分）

○电子电路　　　　　　　○线圈　　　　　　　　○振荡电路

［单选题］86. 在电路中，开关应控制（　　）。（1.0分）

○中性线　　　　　　　　○相线　　　　　　　　○地线

［单选题］87. 单相三孔插座的上孔接（　　）。（1.0分）

○中性线　　　　　　　　○相线　　　　　　　　○地线

［单选题］88. 螺钉旋具的规格是以柄部外面的杆身长度和（　　）表示。（1.0分）

○半径　　　　　　　　　○厚度　　　　　　　　○直径

［单选题］89. 保护接地线或保护接零线的颜色按标准应采用（　　）。（1.0分）

○蓝色　　　　　　　　　○红色　　　　　　　　○绿-黄双色

［单选题］90. 导线接头要求应接触紧密和（　　）等。（1.0分）

○拉不断　　　　　　　　○牢固可靠　　　　　　○不会发热

［单选题］91. 低压线路中的中性线采用的颜色是（　　）。（1.0分）

○深蓝色　　　　　　　　○淡蓝色　　　　　　　○绿-黄双色

［单选题］92. 变压器和高压开关柜，防止雷电侵入产生破坏的主要措施是（　　）。（1.0分）

○安装避雷器　　　　　　○安装避雷线　　　　　○安装避雷网

［单选题］93. 将一根导线均匀拉长为原长的2倍，则它的阻值为原阻值的（　　）倍。（1.0分）

○ 1　　　　　　　　　　○ 2　　　　　　　　　　○ 4

［单选题］94. PN结两端加正向电压时，其正向电阻（　　）。（1.0分）

○小　　　　　　　　　　○大　　　　　　　　　　○不变

［单选题］95. 三相四线制的中性线截面积一般（　　）相线截面积。（1.0分）

○大于　　　　　　　　　○小于　　　　　　　　○等于

［单选题］96. 星-三角减压起动是起动时把定子三相绕组进行（　　）联结。（1.0分）

○三角形　　　　　　　　○星形　　　　　　　　○延边三角形

[单选题] 97. 对电动机内部的脏物及灰尘清理，应用（　　　）。（1.0分）

○湿布抹擦

○布上蘸汽油、煤油等抹擦

○用压缩空气吹或用干布抹擦

[单选题] 98. 电动机（　　　）作为电动机磁通的通路，要求材料有良好的导磁性能。（1.0分）

○机座　　　　　　　　　○端盖　　　　　　　　　○定子铁心

[单选题] 99. 特低电压限值是指在任何条件下任意两导体之间出现的（　　　）电压值。（1.0分）

○最小　　　　　　　　　○最大　　　　　　　　　○中间

[单选题] 100. 几种线路同杆架设时，必须保证高压线路在低压线路（　　　）。（1.0分）

○左方　　　　　　　　　○右方　　　　　　　　　○上方

学习任务七

带剩余电流断路器的手动 Y-△ 控制线路安装与调试

> **任务简介**

根据图 7-1 给出的电气原理图对线路进行安装和调试，要求在规定时间内完成安装、调试，并交指导教师验收。

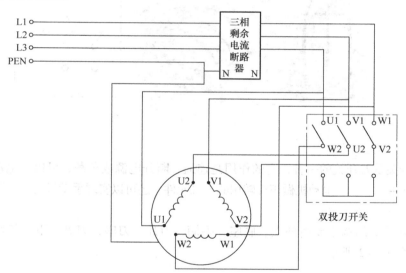

图 7-1 带剩余电流断路器的手动 Y-△ 控制线路原理图

> **任务目标**

知识目标：

（1）掌握双投刀开关的结构、用途、工作原理和选用原则。

（2）正确理解带剩余电流断路器的手动 Y-△ 控制线路的工作原理。

（3）能正确识读带剩余电流断路器的手动 Y-△ 控制线路的原理图、接线图和布置图。

能力目标：

（1）会按照工艺要求正确安装带剩余电流断路器的手动 Y-△ 控制线路。

（2）掌握带剩余电流断路器的手动 Y-△ 控制线路中双投刀开关的接线方式、三相电动机的丫和△联结。

素质目标：

养成独立思考和动手操作的习惯，培养小组协调能力和互相学习的精神。

学习活动一 电工理论知识

双投刀开关

刀开关又称隔离开关，它是手控电器中最简单而使用又较广泛的一种低压电器。刀开关在电路中的作用是隔离电源，以确保电路和设备维修的安全；分断负载，如不频繁地接通和分断容量不大的低压电路或直接起动小容量电动机。本学习任务使用的双投刀开关的实物及电气符号如图7-1-1所示。

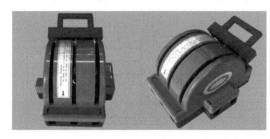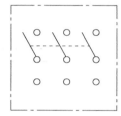

图7-1-1 双投刀开关的实物及电气符号

1. 双投刀开关的作用

双投刀开关是刀开关的一种，它的作用是连通、断开电源或负载，可以使电动机正转或反转，主要是给单相、三相电动机做正反转用的电气元件，还可以实现手动星-三角减压起动控制。

2. 双投刀开关的结构

双投刀开关的结构主要由外壳、底座、手柄、刀片、刀座、刀夹、下片等组成。具体结构及位置如图7-1-2所示。

3. 双投刀开关的工作原理

双投刀开关可以实现电动机的正反转和星-三角减压起动控制，其主要工作原理如下：

三相电动机实现电动机的正反转，就是通过调整输入电动机的三相交流电的相序实现电动机反转，因此，三相双投刀开关就是通过改变输出端两根相线的位置，达到变换相序从而控制电动机正反转的目的。

三相电动机的手动星-三角减压起动是通过三相双投刀开关调整电动机的六个接线端子的连接方式实现的。

4. 双投刀开关的分类

双投刀开关根据结构可大致分为两类——开启式负荷开关和封闭式负荷开关，如图7-1-3所示。

开启式负荷开关适用于一般照明线路和功率小于5.5kW的电动机控制；三级封闭式负

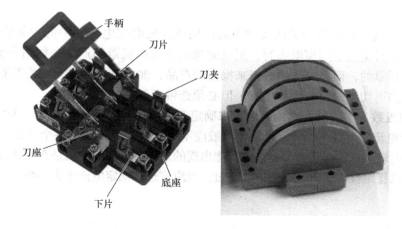

图 7-1-2　双投刀开关的结构

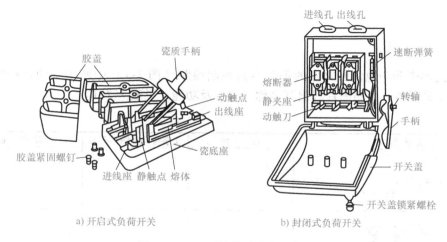

a) 开启式负荷开关　　　　　　　　b) 封闭式负荷开关

图 7-1-3　刀开关的两种常见类型

荷开关（铁壳开关）既可用作工作机械的电源隔离开关，也可用作负荷开关。

5. 双投刀开关的型号及含义

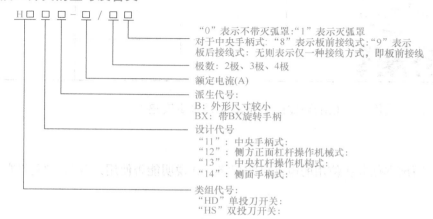

例如：HS11-200/48 指的是，中央手柄式板前接线双投刀开关，4P/200A。

6. 双投刀开关的选型

（1）结构形式。根据刀开关在线路中的作用或在成套配电装置中的安装位置来确定它的结构形式。如只是用于隔离电源时，则只需选用不带灭弧罩的产品；如用来分断负载时，就应选用带灭弧罩的，而且是通过杠杆来操作的产品；如中央手柄式刀开关不能切断负荷电流，其他形式的可切断一定的负荷电流，但必须选带灭弧罩的刀开关。

（2）控制极数。根据被控对象的电源来确定双投刀开关的极数，如1P、3P、4P等。

（3）额定电流。刀开关的额定电流，一般应不小于所断电路中的各个负载额定电流的总和。若负载是电动机，就必须考虑电路中可能出现的最大短路峰值电流是否在该额定电流等级所对应的电动机稳定性峰值电流以下。如超过，就应该选择额定电流更大一级的刀开关。

学习活动二　安装前的准备

一、认识元件

（1）选出带剩余电流断路器的手动Ⅴ-△控制线路（图7-1）中所用到的各种电气元器件，查阅相关资料，对照图片写出其名称、符号及功能，见表7-2-1。

表7-2-1　元器件明细表

实　物　照　片	名　　称	文字符号及图形符号	功能与用途

（2）电路中使用的三相断路器的额定电流是多少安培？

（3）请写出本任务所使用的电动机的规格，并说明能否使用刀开关进行控制。

二、识读电气原理图

（1）刀开关向上合闸时，电动机绕组采用什么联结，请画出连接图。

（2）刀开关向下合闸时，电动机绕组采用什么联结，请画出连接图。

（3）电动机外壳接地的作用是什么？

三、布置图和接线图

1. 布置图

布置图（又称电气元器件位置图）主要用来表明电气系统中所有电气元器件的实际位置，为生产机械电气控制设备的制造、安装提供必要的资料。一般情况下，布置图是与接线图组合在一起使用的，以便清晰地表示出所使用电气元器件的实际安装位置。

2. 接线图

接线图用规定的图形符号，按各电气元器件相对位置进行绘制，表示各电气元器件的相对位置和它们之间的电路连接状况。在绘制时，不但要画出控制柜内部各电气元器件之间的连接方式，还要画出外部相关电气元器件的连接方式。接线图中的回路标号是电气设备之间、电气元器件之间、导线与导线之间的连接标记，其文字符号和数字符号应与原理图中的标号一致。

按照接线图进行线路安装，安装完成后效果如图7-2-1所示。

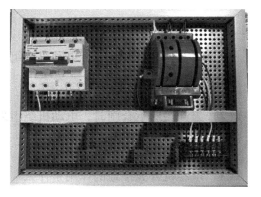

图7-2-1　线路安装实物图

学习活动三　现场安装与调试

▶▶ 活动步骤

本活动的基本实施步骤如下：

元器件检测→定位元器件→安装元器件→接线→自检→通电试车（调试）→交付验收。

一、元器件检测（表7-3-1）

表7-3-1　元器件检测表

实物照片	名　称	检测步骤	是否可用

二、根据接线图和布线工艺要求完成布线

1. 安装工艺要求

（1）元器件安装正确牢固，线槽安装横平竖直，连接处严密平整、无缝隙。

（2）为了考虑元器件的散热问题，线槽板不宜与元器件挨得太近，应控制在5cm左右。

（3）合理选择导线，布线时主、控线路分类集中，主线路走配电盘的左边，控制线路和照明线路走配电盘的右边。

（4）放线过程中导线应顺直，不允许有挤压、背扣、扭结和受损等现象；线槽内不允许出现接头，导线接头应放在接线柱上或接线盒内。

（5）线头长短合适，裸露部分不应超过2mm，严禁伤及线芯和导线绝缘层；线耳方向正确，无反圈。

（6）每个电气元器件接线端子上的连接导线不得多于两根，每个接线端子上一般只允许连接一根导线。

（7）实训过程中，请认真遵守7S现场管理。

（8）安全文明操作。

2. 安装注意事项

（1）所有低压电器安装前必须先检查，确保完好后再安装。

（2）接线柱接线时必须牢固可靠，线头要长短合适。

（3）电动机必须进行可靠的接地。

（4）必须经过任课教师允许后，方可对线路进行通电试车。

（5）通电试车结束后，先断开电源并拆除电源线后，再拆除电动机线。

三、线路调试

首先直观检查接线是否正确、规范。按电路图或接线图，从电源端开始逐段检查接线及接线端子处是否正确、有无漏接或错接之处。检查导线接点是否符合要求、接线是否牢固。同时注意接点接触应良好，以避免带负载运转时产生闪弧现象。

断开电源，万用表选用倍率适当的电阻档，并进行校零。断开三相剩余电流断路器以切断得电回路，用万用表测量出单相绕组的电阻值并记录。

（1）将刀开关推至中间位置，然后将两支表笔分别接U1-V1、U1-W1、V1-W1，两两测量相线间的电阻值应均为"∞"。

（2）将刀开关推至上方位置，然后将两支表笔分别接U1-V1、U1-W1、V1-W1，两两测量相线间的电阻值均应小于单相绕组的电阻值。

（3）将刀开关推至下方位置，然后将两支表笔分别接U1-V1、U1-W1、V1-W1，两两测量相线间的电阻值均应大于单相绕组的电阻值。

四、通电试车

通过自检和教师确认无误后，在教师的监护下进行通电试车。闭合三相剩余电流断路器，用验电笔进行验电，电源正常后，做以下几项试验：

（1）将刀开关推至下方位置，电动机三相绕组处于Y联结，电动机得电运转，且每相绕组上的电压为220V，电动机的转矩低，一般要求电动机空载或轻载时起动。

（2）迅速将刀开关推至上方位置，电动机三相绕组处于△联结，电动机每相绕组上的电压为380V，电动机全压运行，此时转矩较大。

（3）将刀开关推至中间位置，电动机断电停止运转。

（4）反复操作几次起停控制，以检验线路的可靠性。

（5）通电试车完毕后，应断开电源，以保证安全，并进行小组互评。

学 习 活 动 四　小 组 互 评

学生安装接线完毕，根据评分标准（表7-4-1），让学生从学生的角度来进行互评，通过评分看到别人的优点和自己的不足。

表 7-4-1　评分标准

考核工时：45min　　　　　　　　　　　　　　　　　　　　　　　　总分：

序号	项　　目	考 核 要 求	配分	扣分	说明
1	万用表的使用	正确使用万用表，否则扣5分/项： 1. 使用前要调零 2. 测试前要选用正确档位 3. 使用后要拨至规定档位			
2	电动机的首尾端判别	正确判别电动机的首尾端，否则扣25分/项			
3	二极管、晶体管好坏判别	正确判别二极管、晶体管的好坏，否则扣20分			
4	按图接线	按图正确安装： 1. 按图安装接线，否则扣30分 2. 接线桩接线牢固、正确，5个以下不合格的扣10分；5个以上不合格的扣15分 3. 元器件布置整齐、正确、牢固，否则扣10分/个 4. 导线布置整齐、不随意搭线，否则扣10分	100		
5	通电试车	正确操作，试车成功： 1. 试车前要验电，否则扣10分 2. 因线路接错造成试车不成功，扣75分 3. 因操作失误造成试车不成功，扣45分			
6	操作安全	造成线路短路的取消考试资格			

学习活动五　理论考点测验

测验时间：60min　　　　　　　　　　　　　　　　得分：＿＿＿＿＿

[判断题] 1. 为了防止电气火花、电弧等引燃爆炸物，应选用防爆电气级别和温度组别与环境相适应的防爆电气设备。(1.0分)

　　○对　　　　　　　　　○错

[判断题] 2. 在爆炸危险场所，应采用三相四线制、单相三线制方式供电。(1.0分)

　　○对　　　　　　　　　○错

[判断题] 3. 在有爆炸和火灾危险的场所，应尽量少用或不用携带式、移动式的电气设备。(1.0分)

　　○对　　　　　　　　　○错

[判断题] 4. 按钮根据使用场合，可选的种类有开启式、防水式、防腐式、防护式等。(1.0分)

　　○对　　　　　　　　　○错

[判断题] 5. 分断电流能力是各类刀开关的主要技术参数之一。(1.0分)

　　○对　　　　　　　　　○错

[判断题] 6. 在保护电动机时，热继电器的保护特性应尽可能与电动机过载特性贴近。(1.0分)

　　○对　　　　　　　　　○错

[判断题] 7. 剩余电流断路器在被保护电路中有漏电或有人触电时，零序电流互感器就产生感应电流，经放大使脱扣器动作，从而切断电路。(1.0分)

　　○对　　　　　　　　　○错

[判断题] 8. 热继电器的双金属片弯曲的速度与电流大小有关，电流越大，速度越快，这种特性称为正比时限特性。(1.0分)

　　○对　　　　　　　　　○错

[判断题] 9. 低压配电屏是按一定的接线方案将有关低压一、二次设备组装起来，每一个主电路方案对应一个或多个辅助方案，从而简化了工程设计。(1.0分)

　　○对　　　　　　　　　○错

[判断题] 10. 频率的自动调节补偿是热继电器的一个功能。(1.0分)

　　○对　　　　　　　　　○错

[判断题] 11. 断路器属于手动电器。(1.0分)

　　○对　　　　　　　　　○错

[判断题] 12. 刀开关在作为隔离开关使用时，要求刀开关的额定电流要大于或等于线路实际的故障电流。(1.0分)

　　○对　　　　　　　　　○错

[判断题] 13. 安全可靠是对任何开关电器的基本要求。(1.0分)

○对　　　　　　　　　　　○错

[判断题] 14. 据部分省市统计，农村触电事故要少于城市的触电事故。(1.0分)

○对　　　　　　　　　　　○错

[判断题] 15. 通电时间增加，人体电阻因出汗而增加，导致通过人体的电流减小。(1.0分)

○对　　　　　　　　　　　○错

[判断题] 16. 触电分为电击和电伤。(1.0分)

○对　　　　　　　　　　　○错

[判断题] 17. 使用万用表测量电阻，每换一次电阻档都要进行电阻调零。(1.0分)

○对　　　　　　　　　　　○错

[判断题] 18. 用钳形表测量电动机空转电流时，不需要档位变换可直接进行测量。(1.0分)

○对　　　　　　　　　　　○错

[判断题] 19. 交流电流表和电压表所测得的值都是有效值。(1.0分)

○对　　　　　　　　　　　○错

[判断题] 20. 接地电阻表主要由手摇发电机、电流互感器、电位器以及检流计组成。(1.0分)

○对　　　　　　　　　　　○错

[判断题] 21. 电流的大小用电流表来测量，测量时将其并联在电路中。(1.0分)

○对　　　　　　　　　　　○错

[判断题] 22. 钳形电流表既可测量交流电流，也可测量直流电流。(1.0分)

○对　　　　　　　　　　　○错

[判断题] 23. 测量电流时应把电流表串联在被测电路中。(1.0分)

○对　　　　　　　　　　　○错

[判断题] 24. 电容器的容量就是电容量。(1.0分)

○对　　　　　　　　　　　○错

[判断题] 25. 检查电容器时，只要检查电压是否符合要求即可。(1.0分)

○对　　　　　　　　　　　○错

[判断题] 26. 补偿电容器的容量越大越好。(1.0分)

○对　　　　　　　　　　　○错

[判断题] 27. 日常电气设备的维护和保养应由设备管理人员负责。(1.0分)

○对　　　　　　　　　　　○错

[判断题] 28. 电工应做好用电人员在特殊场所作业的监护作业。(1.0分)

○对　　　　　　　　　　　○错

[判断题] 29. 取得高级电工证的人员就可以从事电工作业。(1.0分)

○对　　　　　　　　　　　○错

[判断题] 30. 绝缘棒在闭合或拉开高压隔离开关和跌落式熔断器，装拆携带式接地线，以及进行辅助测量和试验时使用。(1.0分)

○对　　　　　　　　　　　○错

［判断题］31. 验电是保证电气作业安全的技术措施之一。(1.0分)

○对　　　　　　　　○错

［判断题］32. 使用直梯作业时，梯子放置与地面呈50°左右为宜。(1.0分)

○对　　　　　　　　○错

［判断题］33. 遮栏是为防止工作人员无意碰到带电设备部分而装的设备屏护，分临时遮栏和常设遮栏两种。(1.0分)

○对　　　　　　　　○错

［判断题］34. 螺口灯头的台灯应采用三孔插座。(1.0分)

○对　　　　　　　　○错

［判断题］35. 当灯具达不到最小高度时，应采用24V以下电压。(1.0分)

○对　　　　　　　　○错

［判断题］36. 验电笔在使用前必须确认其良好。(1.0分)

○对　　　　　　　　○错

［判断题］37. 为了安全可靠，所有开关均应同时控制相线和零线。(1.0分)

○对　　　　　　　　○错

［判断题］38. 民用住宅严禁装设床头开关。(1.0分)

○对　　　　　　　　○错

［判断题］39. 在没有用验电笔验电前，线路应视为有电。(1.0分)

○对　　　　　　　　○错

［判断题］40. 多用螺钉旋具的规格以它的全长（手柄加旋杆）表示。(1.0分)

○对　　　　　　　　○错

［判断题］41. 电工钳、电工刀、螺钉旋具是常用的电工基本工具。(1.0分)

○对　　　　　　　　○错

［判断题］42. 移动电气设备可以参考手持电动工具的有关要求进行选用。(1.0分)

○对　　　　　　　　○错

［判断题］43. 手持电动工具有两种分类方式，即按工作电压分类和按防潮程度分类。(1.0分)

○对　　　　　　　　○错

［判断题］44. 导线的工作电压应大于其额定电压。(1.0分)

○对　　　　　　　　○错

［判断题］45. 改革开放前曾强调以铝代替铜作导线，以减轻导线的重量。(1.0分)

○对　　　　　　　　○错

［判断题］46. 在选择导线时必须考虑线路投资，但导线截面积不能太小。(1.0分)

○对　　　　　　　　○错

［判断题］47. 在我国，超高压送电线路基本上是架空敷设。(1.0分)

○对　　　　　　　　○错

［判断题］48. 铜线与铝线在需要时可以直接连接。(1.0分)

○对　　　　　　　　○错

［判断题］49. 导线接头的抗拉强度必须与原导线的抗拉强度相同。(1.0分)

○对　　　　　　　　○错

[判断题] 50. 雷击产生的高电压和耀眼的白光可对电气装置和建筑物及其他设施造成毁坏，电力设施或电力线路遭破坏可能导致大规模停电。(1.0 分)

○对　　　　　　　　○错

[判断题] 51. 对于容易产生静电的场所，应保持地面潮湿，或者铺设导电性能较好的地板。(1.0 分)

○对　　　　　　　　○错

[判断题] 52. 防雷装置应沿建筑物的外墙敷设，并经最短途径接地，如有特殊要求可以暗敷。(1.0 分)

○对　　　　　　　　○错

[判断题] 53. 除独立避雷针之外在接地电阻满足要求的前提下，防雷接地装置可以和其他接地装置共用。(1.0 分)

○对　　　　　　　　○错

[判断题] 54. 在串联电路中，电路总电压等于各电阻的分电压之和。(1.0 分)

○对　　　　　　　　○错

[判断题] 55. 二极管只要工作在反向击穿区，一定会被击穿。(1.0 分)

○对　　　　　　　　○错

[判断题] 56. 对称的三相电源是由振幅相同、初相位依次相差120°的正弦电源连接组成的供电系统。(1.0 分)

○对　　　　　　　　○错

[判断题] 57. 欧姆定律指出，在一个闭合电路中，当导体温度不变时，通过导体的电流与加在导体两端的电压成反比，与其电阻成正比。(1.0 分)

○对　　　　　　　　○错

[判断题] 58. 规定小磁针的北极所指的方向是磁力线的方向。(1.0 分)

○对　　　　　　　　○错

[判断题] 59. 磁力线是一种闭合曲线。(1.0 分)

○对　　　　　　　　○错

[判断题] 60. 对于异步电动机，国家标准规定 3kW 以下的电动机均采用三角形联结。(1.0 分)

○对　　　　　　　　○错

[判断题] 61. 电动机运行时发出沉闷声是电动机在正常运行的声音。(1.0 分)

○对　　　　　　　　○错

[判断题] 62. 电气控制系统图包括电气原理图和电气安装图。(1.0 分)

○对　　　　　　　　○错

[判断题] 63. 同一电气元器件的各部件分散地画在原理图中必须按顺序标注文字符号。(1.0 分)

○对　　　　　　　　○错

[判断题] 64. 对电动机各绕组进行绝缘检查时，如测出绝缘电阻不合格，不允许通电运行。(1.0 分)

○对 ○错

[判断题] 65. 在电气原理图中，当触点图形垂直放置时，以"左开右闭"原则绘制。(1.0分)

○对 ○错

[判断题] 66. 使用改变磁极对数来调速的电动机一般都是绕线转子电动机。(1.0分)

○对 ○错

[判断题] 67. 剩余动作电流小于或等于0.3A的RCD属于高灵敏度RCD。(1.0分)

○对 ○错

[判断题] 68. 变配电设备应有完善的屏护装置。(1.0分)

○对 ○错

[判断题] 69. 选择RCD必须考虑用电设备和电路正常泄漏电流的影响。(1.0分)

○对 ○错

[判断题] 70. 保护接零适用于中性点直接接地的配电系统中。(1.0分)

○对 ○错

[单选题] 71. 在易燃、易爆危险场所，供电线路应采用( )方式供电。(1.0分)
（请在正确选项○中打钩）

○单相三线制、三相四线制

○单相三线制、三相五线制

○单相两线制、三相五线制

[单选题] 72. 断路器通过手动或电动等操作机构使断路器合闸，通过( )装置使断路器自动跳闸，达到故障保护目的。(1.0分)

○自动 ○活动 ○脱扣

[单选题] 73. 主令电器很多，其中有( )。(1.0分)

○接触器 ○行程开关 ○热继电器

[单选题] 74. 图 是( )触点。(1.0分)

○延时闭合动合 ○延时断开动合 ○延时断开动断

[单选题] 75. 属于配电电器的有( )。(1.0分)

○接触器 ○熔断器 ○电阻器

[单选题] 76. 人的室颤电流约为( )mA。(1.0分)

○16 ○30 ○50

[单选题] 77. 一般情况下220V工频电压作用下人体的电阻为( )Ω。(1.0分)

○500~1000 ○800~1600 ○1000~2000

[单选题] 78. ( )仪表由固定的线圈、可转动的铁心及转轴、游丝、指针、机械调零机构等组成。(1.0分)

○磁电系 ○电磁系 ○感应系

[单选题] 79. 电度表是测量( )用的仪器。(1.0分)

○电流 ○电压 ○电能

[单选题] 80. 测量接地电阻时，电位指针应接在距接地端( )m的地方。(1.0分)

○ 5 　　　　　　　　○ 20 　　　　　　　　○ 40

[单选题] 81. 电容器可用万用表(　　)档进行检查。(1.0分)

○电压　　　　　　　○电流　　　　　　　○电阻

[单选题] 82. 特种作业操作证有效期为(　　)年。(1.0分)

○ 12 　　　　　　　　○ 8 　　　　　　　　○ 6

[单选题] 83. (　　)可用于操作高压跌落式熔断器、单极隔离开关及装设临时接地线等。(1.0分)

○绝缘手套　　　　　　○绝缘鞋　　　　　　○绝缘棒

[单选题] 84. "禁止合闸，有人工作"的标志牌应制作为(　　)。(1.0分)

○白底红字　　　　　　○红底白字　　　　　○白底绿字

[单选题] 85. 事故照明一般采用(　　)。(1.0分)

○荧光灯　　　　　　　○白炽灯　　　　　　○高压汞灯

[单选题] 86. 在检查插座时，验电笔在插座的两个孔均不亮，首先判断是(　　)。(1.0分)

○短路　　　　　　　　○相线断线　　　　　○中性线断线

[单选题] 87. 一般照明的电源优先选用(　　)V。(1.0分)

○ 220 　　　　　　　○ 380 　　　　　　○ 36

[单选题] 88. 使用剥线钳应选用比导线直径(　　)的刃口。(1.0分)

○相同　　　　　　　　○稍大　　　　　　　○较大

[单选题] 89. 保护接地线或保护接零线的颜色按标准应采用(　　)。(1.0分)

○蓝色　　　　　　　　○红色　　　　　　　○绿-黄双色

[单选题] 90. 导线接头缠绝缘胶布时，后一圈压在前一圈胶布宽度的(　　)。(1.0分)

○ 1/3 　　　　　　　○ 1/2 　　　　　　○ 1

[单进题] 91. 导线接头电阻要足够小，与同长度同截面积导线的电阻比不大于(　　)。(1.0分)

○ 1 　　　　　　　　○ 1.5 　　　　　　○ 2

[单选题] 92. 运输液化气、石油等的槽车在行驶时，在槽车底部应采用金属链条或导电橡胶使之与大地接触，其目的是(　　)。(1.0分)

○中和槽车行驶中产生的静电荷

○泄漏槽车行驶中产生的静电荷

○使槽车与大地等电位

[单选题] 93. 交流电路中电流比电压滞后90°，该电路属于(　　)电路。(1.0分)

○纯电阻　　　　　　　○纯电感　　　　　　○纯电容

[单选题] 94. 载流导体在磁场中将会受到(　　)的作用。(1.0分)

○电磁力　　　　　　　○磁通　　　　　　　○电动势

[单选题] 95. 安培定则也叫作(　　)。(1.0分)

○左手定则　　　　　　○右手定则　　　　　○右手螺旋法则

[单选题] 96. 国家标准规定凡(　　)kW以上的电动机均采用三角形联结。(1.0分)

○ 3 　　　　　　　　○ 4 　　　　　　　　○ 7.5

［单选题］97. 电动机在正常运行时的声音是平稳、轻快、（　　　）和有节奏的。(1.0 分)

○尖叫　　　　　　　　○均匀　　　　　　　　○摩擦

［单选题］98. 旋转磁场的旋转方向决定于通入定子绕组中的三相交流电源的相序，只要任意调换电动机（　　　）所接交流电源的相序，旋转磁场即反转。(1.0 分)

○一相绕组　　　　　　○两相绕组　　　　　　○三相绕组

［单选题］99. 新装和大修后的低压线路和设备，要求绝缘电阻不低于（　　　）MΩ。(1.0 分)

○1　　　　　　　　　　○0.5　　　　　　　　○1.5

［单选题］100. 在选择剩余电流动作保护装置的灵敏度时，要避免由于正常（　　　）引起的不必要的动作而影响正常供电。(1.0 分)

○泄漏电流　　　　　　○泄漏电压　　　　　　○泄漏功率

学习任务八

带单相电度表的荧光灯控制
线路安装与调试

▶ 任务简介

根据图8-1给出的电气原理图对线路进行安装和调试，完成绝缘子的绑扎，要求在规定时间内完成安装、调试，并交指导教师验收。

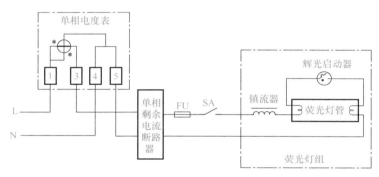

图8-1 带单相电度表的荧光灯控制线路原理图

▶ 任务目标

知识目标：

(1) 掌握单相电度表的结构、用途、工作原理和选用原则。

(2) 掌握荧光灯的结构、原理及安装方法。

(3) 正确理解带单相电度表的荧光灯控制线路的工作原理。

(4) 能正确识读带单相电度表的荧光灯控制线路的原理图、接线图和布置图。

能力目标：

(1) 会按照工艺要求正确安装带单相电度表的荧光灯线路。

（2）掌握带单相电度表的荧光灯控制线路中单相电度表、单相剩余电流断路器、荧光灯组的接线方式。

（3）能根据实际需要，正确选择单相剩余电流断路器、熔断器的相关参数。

素质目标：

养成独立思考和动手操作的习惯，培养小组协调能力和互相学习的精神。

学习活动一　电工理论知识

一、绝缘子

1. 绝缘子的作用

绝缘子俗称瓷瓶，它是用来支持导线的绝缘体，绝缘子是输电线路绝缘的主体，其作用是悬挂导线、可以增加爬电距离，使导线与塔杆、大地保持绝缘。绝缘子不但要承受工作电压和过电压，同时还要承受导线的垂直载荷、水平载荷和导线张力。因此，绝缘子必须要有良好的绝缘性能和足够的力学性能，常见的绝缘子如图8-1-1所示。

图 8-1-1　常见的绝缘子

2. 绝缘子的分类

绝缘子可按电压等级、结构形式、使用材料和功能进行分类。

（1）按结构形式不同可分为针式绝缘子、棒式绝缘子和悬式绝缘子，如图8-1-2所示。

图 8-1-2　绝缘子的分类（一）

（2）按功能不同可分为普通型绝缘子和防污型绝缘子，如图 8-1-3 所示。

图 8-1-3　绝缘子的分类（二）

（3）按使用材料不同可分为瓷质绝缘子、钢化玻璃绝缘子和复合绝缘子，如图 8-1-4 所示。

图 8-1-4　绝缘子的分类（三）

3. 电力线路中对绝缘子的基本要求

（1）要有良好的绝缘性能，使其在干燥和阴雨的情况下，都能承受标准规定的耐压。

（2）绝缘子不但承受导线的垂直荷重和水平荷重，还要承受导线所受的风压和覆冰等外加荷载，因此要求绝缘子必须有足够的机械强度。

（3）架空线路处于野外，受环境温度影响较大，要求绝缘子能耐受较大的温度变化而不破裂。

（4）绝缘子长期承受高电压和机械力的作用，要求其绝缘性能的老化速度比较慢，有较长的使用寿命。

（5）空气中的腐蚀气体会使绝缘子绝缘性能下降，要求绝缘子应有足够的防污秽和抵御化学气体侵蚀的能力。

4. 绝缘子的绑扎方法

架空配电线路的导线在直线杆针式绝缘子和耐张杆蝶式绝缘子上的固定，普遍采用绑线缠绕法。

铝绞线和钢芯铝绞线的绑线材料与导线材料相同，但铝镁合金导线应使用铝绑线，绝缘导线应使用有外皮的铁绑线。铝绑线的直径应在 2.0 ~ 2.6mm 范围内。铝导线在绑扎之前，将导线与绝缘子接触的地方缠裹宽 10mm、厚 1mm 的铝包带，其缠绕长度要超出绑扎长度 5mm。

（1）绝缘子的顶绑。直线杆一般情况下都采用顶绑法绑扎。绝缘子顶绑法的绑扎步骤如下：

1）绑扎处的导线上缠绕铝包带，若是铜线则不缠绕铝包带，把绑线盘成一个圆盘，留出一个短头，其长度约为 250mm，用短头在绝缘子侧面的导线上绕 3 圈，方向是从导线外侧经导线上方绕向导线内侧，如图 8-1-5a 所示。

2）用盘起来的绑线在绝缘子脖颈内侧绕到绝缘子右侧导线上，并再绑 3 圈，其方向是由导线下方经外侧绕向上方，如图 8-1-5b 所示。

3）用盘起来的绑线在绝缘子脖颈内侧绕到绝缘子右侧导线上，并再绑 3 圈，其方向是由导线下方经内侧绕到导线上方，如图 8-1-5c 所示。

4）把盘起来的绑线自绝缘子脖颈内侧绕到绝缘子右侧导线上，并再绑 3 圈，其方向是由导线下方经外侧绕到导线上方，如图 8-1-5d 所示。

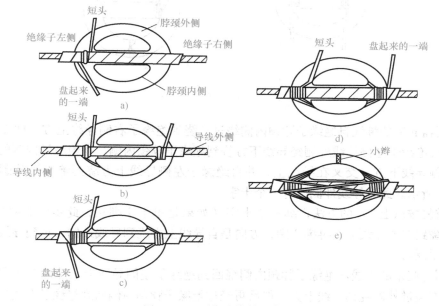

图 8-1-5 顶绑法绑扎示意图

5）把盘起来的绑线自绝缘子外侧绕到左侧导线下面，并自导线内侧上来，经过绝缘子顶部交叉压在导线上，然后从绝缘子右侧导线外侧绕到绝缘子脖颈内侧，并从绝缘子左侧的导线下侧经过导线外侧上来，经绝缘子顶部交叉压在导线上，此时已有一个十字压在导线上。

6）重复 5）的方法再绑一个十字（如果是单十字绑法，此步骤略去），把盘起来的绑线从绝缘子右侧的导线内侧，经下方绕到脖颈外侧，与绑线短头在绝缘子外侧中间拧一小辫，将其余绑线剪断并将小辫压平，如图 8-1-5e 所示。

7）绑扎完毕后，绑线在绝缘子两侧导线上应绕够 6 圈。

（2）绝缘子的侧绑。侧绑法适用于转角杆，此时导线应放在绝缘子脖颈外侧，其绑扎方法如图 8-1-6 所示。

1）在绑扎处的导线上缠绕铝包带，若是铜线则可不缠铝包带。

2）把绑线盘成一个圆盘，在绑线的一端留出一个短头，其长度约为 250mm，用绑线的短头在绝缘子左侧的导线上绑 3 圈，方向是自导线外侧经导线上方绕向导线内侧，如图 8-1-6a 所示。

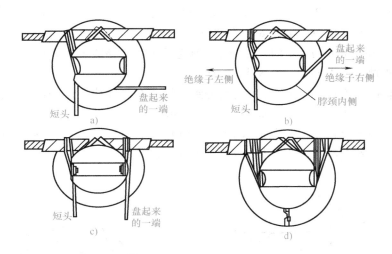

图 8-1-6　瓷绝缘子的侧绑示意图

3）用盘起来的绑线自绝缘子脖颈内侧绕过，绕到绝缘子右侧导线上方，即交叉在导线上方，并自绝缘子左侧导线外侧经导线下方绕到绝缘子脖颈内侧。在绝缘子内侧的绑线绕到绝缘子右侧导线下方，交叉在导线上，并自绝缘子左侧导线上方绕到绝缘子脖颈内侧，如图 8-1-6b 所示。此时导线外侧已有一个十字。

4）重复按以上 3）的方法再绑一个十字（如果是单十字绑法，此步骤略去），用盘起来的绑线绕到右侧导线上，再绑 3 圈，方向是自导线上方绕到导线外侧，再到导线下方，如图 8-1-6c 所示。

5）用盘起来的绑线从绝缘子脖颈内侧绕回到绝缘子左侧导线上，并再绑 3 圈，方向是从导线下方经过外侧绕到导线上方，然后再经过绝缘子脖颈内侧回到绝缘子右侧导线上，并再绑 3 圈，方向是从导线上方经外侧绕到导线下方，最后回到绝缘子脖颈内侧中间，与绑线短头拧一个小辫，剪去压平，如图 8-1-6d 所示。

6）绑扎完毕后，绑线在绝缘子两侧导线上应绕够 6 圈。

（3）绝缘子终端绑扎。终端绑扎法适用于蝶式绝缘子（茶台），其绑扎方法如图 8-1-7 所示。

1）导线与蝶式绝缘子接触部分，用宽 10mm、厚 1mm 软铝带包缠，若是铜线可不绑铝包带。

2）导线截面积为 LJ-35、TJ-35 及以下者，绑扎长度为 150mm；导线截面积为 LJ-50 以上、TJ-50 以上者，用钢线卡子固定。

3）把绑线绕成圆盘，在绑线一端留出一个短头，长度比绑扎长度多 50mm。

4）把绑线端头夹在导线与折回导线中间凹进去的地方，然后用绑线在导线上绑扎，如图 8-1-7a～e 所示。

5）绑扎到规定长度后，与端头拧 2～3 下，呈小辫并压平在导线上，如图 8-1-7f 所示。

6）把导线端部折回，压在扎线上，如图 8-1-7g 所示。

7）绑扎方法的统一要求是绑扎平整、牢固，并防止钢丝钳损伤导线和扎线。

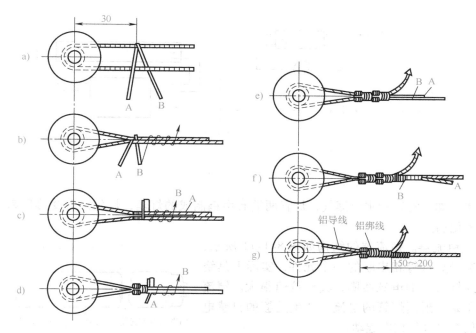

图 8-1-7　蝶式绝缘子上的终端绑扎

二、荧光灯

荧光灯能源效率高，显色性符合日常照明需要，因此国家大力发展，并在政策上予以支持，国内荧光灯行业十分兴盛，产品大量出口，逐步取代了原有的白炽灯。常见荧光灯的实物如图 8-1-8 所示。

图 8-1-8　常见荧光灯的实物

1. 荧光灯的作用

主要为生产和生活的场所提供照明。

2. 荧光灯的结构

荧光灯电路由灯管、镇流器、辉光启动器、电容器、灯座、灯架等部件组成，各部件的结构原理如图 8-1-9 所示。

（1）灯管。荧光灯灯管的结构如图 8-1-10 所示，它是一根玻璃管，内壁涂有一层荧光粉（钨酸镁、钨酸钙、硅酸锌等），不同的荧光粉可发出不同颜色的光。灯管内充有稀薄的

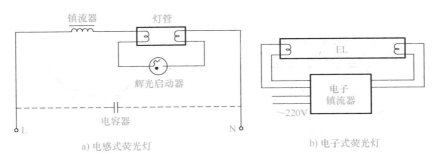

a) 电感式荧光灯   b) 电子式荧光灯

图 8-1-9 荧光灯的结构原理

惰性气体（如氩气）和水银蒸气，灯管两端有由钨制成的灯丝，灯丝涂有受热后易于发射电子的氧化物。

（2）镇流器。镇流器的结构如图 8-1-11 所示，它是与荧光灯灯管相串联的一个元件，实际上是绕在硅钢片铁心上的电感线圈，其感抗值很大。镇流器的作用是：限制灯管的电流；产生足够的自感电动势，使灯管容易放电起动。

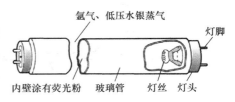

图 8-1-10 荧光灯灯管的结构

镇流器一般有两个出头，但有些镇流器为了在电压不足时使灯管容易起动，就多绕了一个线圈，因此也有四个出头的镇流器。

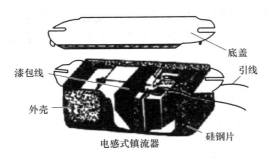

图 8-1-11 镇流器的结构

（3）辉光启动器。辉光启动器是一个小型的辉光管，在小玻璃管内充有氖气，并装有两个电极，如图 8-1-12 所示。其中一个电极是用线膨胀系数不同的两种金属组成（通常称双金属片）的，冷态时两电极分离，受热时双金属片会因受热而弯曲，使两电极自动闭合，其在荧光灯电路中的动作过程如图 8-1-13 所示。

（4）电容器。荧光灯电路由于镇流器的电感量大，功率因数很低，为 0.5~0.6。为了改善电路的功率因数，故要求用户在电源处并联一个适当大小的电容器。在使用电子镇流器时，一般不需要外接电容器。

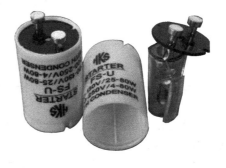

图 8-1-12 辉光启动器的外形

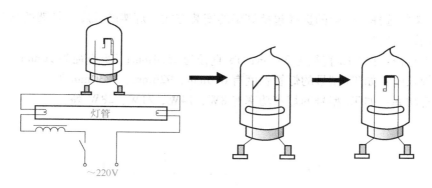

图 8-1-13　辉光启动器的动作示意图

3. 荧光灯的分类

（1）按元件组成可以分为电感式荧光灯和电子式荧光灯。

（2）按灯管管径大小分为 T12、T10、T8、T6、T5、T4、T3 等规格的荧光灯。规格中"T+数字"组合，表示管径的毫米数值。其含义是：一个 T=1/8in，1in 为 25.4mm；数字代表 T 的个数。如 T12=25.4mm×1/8×12=38mm。

（3）按灯管的光色分为三原色荧光灯、冷白日光色荧光灯、暖白日光色荧光灯。

4. 荧光灯的工作原理

以电感式荧光灯的工作原理为例，主要分为两部分：启辉阶段和工作阶段，两阶段的工作电流回路如图 8-1-14 所示。

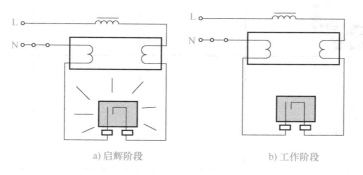

a) 启辉阶段　　　　　　　　　　　b) 工作阶段

图 8-1-14　镇流器的结构

（1）启辉阶段。接通电源后，荧光灯灯管电路的 220V 电压使辉光启动器中的氖气发出红色的辉光，同时生热，双金属片受热变形，辉光启动器由断开变成接通，使灯丝预热。辉光启动器辉光放电停止，双金属片冷却收缩，与静触片断开，镇流器产生较高的脉冲电压，使灯管内的水银蒸气弧光放电并辐射出不可见的紫外线，紫外线激发灯管内壁的荧光粉发出可见光。

（2）工作阶段。荧光灯灯管点亮以后，镇流器两端电压高，辉光启动器两端电压很低，此电压不足以使辉光启动器再次产生辉光放电。因此，辉光启动器仅在启辉过程中起作用，一旦启辉完成，便处于断开状态。灯管发光的电流回路由灯管内的气体导电形成。

5. 荧光灯的选型

普通荧光灯在选型时主要注意以下两个参数，用户可根据实际情况进行选择：

（1）灯架的选择。灯架的选择包括灯架的安装方式、灯架的长度、灯架的材料。

（2）灯管的选择。

1）灯管直径：如 T12 直径为 38mm；T8 直径为 25.4mm；T5 直径为 16mm。

2）灯管长度：如 T8 型号的灯管长度有 620mm、926mm、1230mm 等。

3）灯管功率：如 T5 型号的灯管功率有 8W、14W、21W、28W 等。

<h2 style="text-align:center">学习活动二　安装前的准备</h2>

一、认识元器件

（1）选出图 8-1 所示电路中所用到的各种电气元器件，查阅相关资料，对照图片写出其名称、符号及功能，见表 8-2-1。

表 8-2-1　元器件明细表

实物照片	名　称	文字符号及图形符号	功能与用途

（续）

实 物 照 片	名　称	文字符号及图形符号	功能与用途

（2）请找出本任务所使用的单相电度表的电气参数。

（3）单相剩余电流断路器上标注的 C32 代表什么意思？

二、识读电气原理图

（1）请在图 8-2-1 中标出单相电度表的电压线圈和电流线圈，并将电源的进线和出线补充完整。

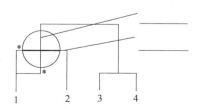

图 8-2-1　识读电气原理图

（2）单控开关 SA 可以接到中性线上吗？为什么？

（3）荧光灯组中的辉光启动器在荧光灯的启辉阶段和工作阶段分别可以拆除吗？为什么？

三、布置图和接线图

1. 布置图

布置图（又称电气元器件位置图）主要用来表明电气系统中所有电气元器件的实际位置，为生产机械电气控制设备的制造、安装提供必要的资料。一般情况下，布置图是与接线图组合在一起使用的，以便清晰地表示出所使用电气元器件的实际安装位置。

2. 接线图

接线图用规定的图形符号，按各电气元器件相对位置进行绘制，表示各电气元器件的相对位置和它们之间的电路连接状况。在绘制时，不但要画出控制柜内部各电气元器件之间的连接方式，还要画出外部相关电器的连接方式。接线图中的回路标号是电气设备之间、电气元器件之间、导线与导线之间的连接标记，其文字符号和数字符号应与原理图中的标号一致。

按照接线图进行线路安装，安装完成后效果如图8-2-2所示。

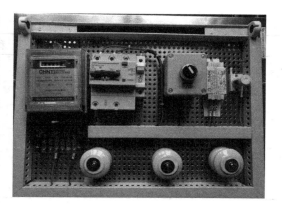

图 8-2-2　线路安装实物图

学习活动三　现场安装与调试

活动步骤

本活动的基本实施步骤如下：

元器件检测→定位元器件→安装元器件→接线→自检→通电试车（调试）→交付验收。

一、元器件检测（表8-3-1）

表 8-3-1　元器件检测表

实物照片	名　称	检测步骤	是否可用

（续）

实物照片	名　称	检测步骤	是否可用

二、根据接线图和布线工艺要求完成布线

1. 安装工艺要求

（1）元器件安装正确牢固，线槽安装横平竖直，连接处严密平整、无缝隙。

（2）为了考虑元器件的散热问题，线槽板不宜与元器件挨得太近，应控制在 5cm 左右。

（3）合理选择导线，布线时主、控线路分类集中，主线路走配电盘的左边，控制线路和照明线路走配电盘的右边。

（4）放线过程中导线应顺直，不允许有挤压、背扣、扭结和受损等现象；线槽内不允许出现接头，导线接头应放在接线柱上或接线盒内。

（5）线头长短合适，裸露部分不应超过2mm，严禁伤及线芯和导线绝缘层；线耳方向正确，无反圈。

（6）每个电气元器件接线端子上的连接导线不得多于两根，每个接线端子上一般只允许连接一根导线。

（7）实训过程中，请认真遵守7S现场管理。

（8）安全文明操作。

2. 安装注意事项

（1）所有低压电器安装前必须先检查，确保完好后再安装。

（2）接线柱接线时必须牢固可靠，线头要长短合适。

（3）电动机必须进行可靠的接地。

（4）必须经过任课教师允许后，方可对线路进行通电试车。

（5）通电试车结束后，先断开电源并拆除电源线后，再拆除电动机线。

三、线路调试

首先直观检查接线是否正确、规范。按电路图或接线图，从电源端开始逐段检查接线及接线端子处是否正确、有无漏接或错接之处。检查导线接点是否符合要求、接线是否牢固。同时注意接点接触应良好，以避免带负载运转时产生闪弧现象。

要着重检查单相电度表的进线和出线是否正确；熔断器和单控开关是否在控制相线部分；辉光启动器是否并联在灯座两端。

四、通电试车

通过自检和教师确认无误后，在教师的监护下进行通电试车。闭合单相剩余电流断路器，用验电笔进行验电，电源正常后，做以下几项试验：

（1）将单控开关按下，荧光灯电路中的辉光启动器应闪烁，1~2s后荧光灯灯管点亮，辉光启动器熄灭。

（2）荧光灯点亮以后，观察单相电度表的铝盘，此时电度表的铝盘应该缓慢正向转动。

（3）将单控开关拨动至断开位置，此时线路断电，荧光灯应熄灭，单相电度表停止转动。

（4）反复操作几次开关控制，以检验线路的可靠性。

（5）通电试车完毕后，应断开电源，以保证安全，并进行小组互评。

学习活动四　小组互评

学生安装接线完毕，根据评分标准（表8-4-1）采用互评形式让学生从学生的角度来进行评分，通过评分看到别人的优点和自己的不足。

表8-4-1 评分标准

考核工时：45min   总分：

序号	项 目	考核要求	配分	扣分	说明
1	万用表的使用	正确使用万用表，否则扣5分/项： 1. 使用前要调零 2. 测试前要选用正确档位 3. 使用后要拨至规定档位			
2	电动机的首尾端判别	正确判别电动机的首尾端，否则扣25分/项			
3	镇流器好坏判别	正确判别镇流器的好坏，否则扣20分			
4	按图接线	按图正确安装： 1. 按图安装接线，否则扣30分 2. 接线桩接线牢固、正确，5个以下不合格的扣10分；5个以上不合格的扣15分 3. 元器件布置整齐、正确、牢固，否则扣10分/个 4. 导线布置整齐、不随意搭线，否则扣10分	100		
5	通电试车	正确操作，试车成功： 1. 试车前要验电，否则扣10分 2. 因线路接错造成试车不成功，扣75分 3. 因操作失误造成试车不成功，扣45分			
6	操作安全	造成线路短路的取消考试资格			

学习活动五　理论考点测验

测验时间：60min   得分：_____

[判断题] 1. 在高压线路发生火灾时，应采用有相应绝缘等级的绝缘工具，迅速拉开隔离开关切断电源，选择二氧化碳或者干粉灭火器进行灭火。（1.0分）

　　○对　　　　　　　　　　○错

[判断题] 2. 电气设备缺陷、设计不合理、安装不当等都是引发火灾的重要原因。（1.0分）

　　○对　　　　　　　　　　○错

[判断题] 3. 在有爆炸和火灾危险的场所，应尽量少用或不用携带式、移动式的电气设备。（1.0分）

　　○对　　　　　　　　　　○错

[判断题] 4. 熔断器的文字符号为FU。（1.0分）

　　○对　　　　　　　　　　○错

［判断题］5. 组合开关在选作直接控制电机时，要求其额定电流可取电动机额定电流的 2~3 倍。(1.0 分)

○对　　　　　　　　　　○错

［判断题］6. 目前我国生产的接触器额定电流一般大于或等于 630A。(1.0 分)

○对　　　　　　　　　　○错

［判断题］7. 中间继电器实际上是一种动作与释放值可调节的电压继电器。(1.0 分)

○对　　　　　　　　　　○错

［判断题］8. 剩余电流断路器在被保护电路中有漏电或有人触电时，零序电流互感器就产生感应电流，经放大使脱扣器动作，从而切断电路。(1.0 分)

○对　　　　　　　　　　○错

［判断题］9. 刀开关在作隔离开关选用时，要求刀开关的额定电流要大于或等于线路实际的故障电流。(1.0 分)

○对　　　　　　　　　　○错

［判断题］10. 在供配电系统和设备自动系统中，刀开关通常用于电源隔离。(1.0 分)

○对　　　　　　　　　　○错

［判断题］11. 断路器可分为框架式和塑壳式。(1.0 分)

○对　　　　　　　　　　○错

［判断题］12. 中间继电器的动作值与释放值可调节。(1.0 分)

○对　　　　　　　　　　○错

［判断题］13. 频率的自动调节补偿是热继电器的一个功能。(1.0 分)

○对　　　　　　　　　　○错

［判断题］14. 30~40Hz 的电流危险性最大。(1.0 分)

○对　　　　　　　　　　○错

［判断题］15. 按照通过人体电流的大小及人体反应状态的不同，可将电流划分为感知电流、摆脱电流和室颤电流。(1.0 分)

○对　　　　　　　　　　○错

［判断题］16. 触电分为电击和电伤。(1.0 分)

○对　　　　　　　　　　○错

［判断题］17. 摇测大容量设备吸收比是测量 60s 时的绝缘电阻与 15s 时的绝缘电阻之比。(1.0 分)

○对　　　　　　　　　　○错

［判断题］18. 绝缘电阻表在使用前，无须先检查其是否完好，可直接对被测设备进行绝缘测量。(1.0 分)

○对　　　　　　　　　　○错

［判断题］19. 直流电流表可以用于交流电路测量。(1.0 分)

○对　　　　　　　　　　○错

［判断题］20. 交流电流表和电压表测量所测得的值都是有效值。(1.0 分)

○对　　　　　　　　　　○错

［判断题］21. 使用绝缘电阻表前不必切断被测设备的电源。(1.0 分)

○对   ○错

[判断题] 22. 电压表在测量时，量程要大于或等于被测线路电压。(1.0分)

○对   ○错

[判断题] 23. 电压的大小用电压表来测量，测量时将其串联在电路中。(1.0分)

○对   ○错

[判断题] 24. 当电容器测量时万用表指针摆动后停止不动，说明电容器短路。(1.0分)

○对   ○错

[判断题] 25. 如果电容器运行时，检查发现温度过高，应加强通风。(1.0分)

○对   ○错

[判断题] 26. 电容器室内应有良好的通风。(1.0分)

○对   ○错

[判断题] 27. 日常电气设备的维护和保养应由设备管理人员负责。(1.0分)

○对   ○错

[判断题] 28. 特种作业操作证每一年由考核发证部门复审一次。(1.0分)

○对   ○错

[判断题] 29. 电工作业分为高压电工和低压电工。(1.0分)

○对   ○错

[判断题] 30. 绝缘棒在闭合或拉开高压隔离开关和跌落式熔断器，装拆携带式接地线，以及进行辅助测量和试验时使用。(1.0分)

○对   ○错

[判断题] 31. 在安全色标中用绿色表示安全、通过、允许、工作。(1.0分)

○对   ○错

[判断题] 32. 试验对地电压为50V以上的带电设备时，氖泡式低压验电笔就应显示有电。(1.0分)

○对   ○错

[判断题] 33. 使用直梯作业时，梯子放置与地面呈50°左右为宜。(1.0分)

○对   ○错

[判断题] 34. 路灯的各回路应有保护，每一灯具宜设单独熔断器。(1.0分)

○对   ○错

[判断题] 35. 可以用相线碰地线的方法检查地线是否接地良好。(1.0分)

○对   ○错

[判断题] 36. 危险场所室内的吊灯与地面距离不少于3m。(1.0分)

○对   ○错

[判断题] 37. 用验电笔检查时，验电笔发光就说明线路一定有电。(1.0分)

○对   ○错

[判断题] 38. 当拉下总开关后，线路即视为无电。(1.0分)

○对   ○错

[判断题] 39. 民用住宅严禁装设床头开关。(1.0分)

○对   ○错

［判断题］40. Ⅲ类电动工具的工作电压不超过 50V。(1.0 分)

○对　　　　　　　　○错

［判断题］41. 手持电动工具有两种分类方式，即按工作电压分类和按防潮程度分类。(1.0 分)

○对　　　　　　　　○错

［判断题］42. Ⅱ类手持电动工具比Ⅰ类工具安全可靠。(1.0 分)

○对　　　　　　　　○错

［判断题］43. 一号电工刀比二号电工刀的刀柄长度长。(1.0 分)

○对　　　　　　　　○错

［判断题］44. 绿-黄双色的导线只能用于保护线。(1.0 分)

○对　　　　　　　　○错

［判断题］45. 为保证中性线安全，三相四线制中的中性线必须加装熔断器。(1.0 分)

○对　　　　　　　　○错

［判断题］46. 电力线路敷设时严禁采用突然剪断导线的办法松线。(1.0 分)

○对　　　　　　　　○错

［判断题］47. 水和金属比较，水的导电性能更好。(1.0 分)

○对　　　　　　　　○错

［判断题］48. 过载是指线路中的电流大于线路的计算电流或允许载流量。(1.0 分)

○对　　　　　　　　○错

［判断题］49. 截面积较小的单股导线平接时可采用绞接法。(1.0 分)

○对　　　　　　　　○错

［判断题］50. 雷电后造成架空线路产生高电压冲击波，这种雷电称为直击雷。(1.0 分)

○对　　　　　　　　○错

［判断题］51. 除独立避雷针之外在接地电阻满足要求的前提下，防雷接地装置可以和其他接地装置共用。(1.0 分)

○对　　　　　　　　○错

［判断题］52. 防雷装置应沿建筑物的外墙敷设，并经最短途径接地，如有特殊要求可以暗敷。(1.0 分)

○对　　　　　　　　○错

［判断题］53. 雷电可通过其他带电体或直接对人体放电，使人的身体遭到巨大的破坏直至死亡。(1.0 分)

○对　　　　　　　　○错

［判断题］54. 在三相交流电路中，负载为星形联结时，其相电压等于三相电源的线电压。(1.0 分)

○对　　　　　　　　○错

［判断题］55. 电解电容器的图形符号如图⊣⊢所示。(1.0 分)

○对　　　　　　　　○错

［判断题］56. 电流和磁场密不可分，磁场总是伴随着电流而存在，而电流永远被磁场所包围。(1.0 分)

○对　　　　　　　　　○错

[判断题] 57. 在三相交流电路中，负载为三角形联结时，其相电压等于三相电源的线电压。(1.0分)

○对　　　　　　　　　○错

[判断题] 58. 规定小磁针的北极所指的方向是磁力线的方向。(1.0分)

○对　　　　　　　　　○错

[判断题] 59. 我国正弦交流电的频率为50Hz。(1.0分)

○对　　　　　　　　　○错

[判断题] 60. 电动机运行时发出沉闷声是电动机在正常运行的声音。(1.0分)

○对　　　　　　　　　○错

[判断题] 61. 对于转子有绕组的电动机，将外电阻串入转子电路中起动，并随电动机转速升高而逐渐地将电阻值减小并最终切除，叫转子串电阻起动。(1.0分)

○对　　　　　　　　　○错

[判断题] 62. 同一电气元器件的各部件分散地画在原理图中必须按顺序标注文字符号。(1.0分)

○对　　　　　　　　　○错

[判断题] 63. 电气原理图中的所有元器件均按未通电状态或无外力作用时的状态画出。(1.0分)

○对　　　　　　　　　○错

[判断题] 64. 电动机在检修后，经各项检查合格后，就可对电动机进行空载试验和短路试验。(1.0分)

○对　　　　　　　　　○错

[判断题] 65. 再生发电制动只用于电动机转速高于同步转速的场合。(1.0分)

○对　　　　　　　　　○错

[判断题] 66. 能耗制动方法是将转子的动能转化为电能，并消耗在转子回路的电阻上。(1.0分)

○对　　　　　　　　　○错

[判断题] 67. T-T系统是配电网中性点直接接地，用电设备外壳也采用接地措施的系统。(1.0分)

○对　　　　　　　　　○错

[判断题] 68. RCD后的中性线可以接地。(1.0分)

○对　　　　　　　　　○错

[判断题] 69. 选择RCD必须考虑用电设备和电路正常泄漏电流的影响。(1.0分)

○对　　　　　　　　　○错

[判断题] 70. 机关、学校、企业、住宅等建筑物内的插座回路不需要安装剩余电流动作保护装置。(1.0分)

○对　　　　　　　　　○错

[单选题] 71. 当低压电气火灾发生时，首先应做的是（　　　　）。(1.0分)（请在正确选项○中打钩）

○迅速离开现场去报告领导

○迅速设法切断电源

○迅速用干粉或者二氧化碳灭火器灭火

[单选题] 72. 拉开闸刀时，如果出现电弧，应（   ）。(1.0分)

○迅速拉开　　　　　　　○立即合闸　　　　　　　○缓慢拉开

[单选题] 73. 热继电器的保护特性与电动机过载特性贴近，是为了充分发挥电动机的（   ）能力。(1.0分)

○过载　　　　　　　　　○控制　　　　　　　　　○节流

[单选题] 74. 电流继电器使用时其吸引线圈直接或通过电流互感器（   ）在被控电路中。(1.0分)

○并联　　　　　　　　　○串联　　　　　　　　　○串联或并联

[单选题] 75. 封闭式开关熔断器组（俗称铁壳开关）在控制电动机起动和停止时，要求额定电流要大于或等于（   ）倍电动机额定电流。(1.0分)

○1　　　　　　　　　　○2　　　　　　　　　　○3

[单选题] 76. 在对可能存在较高跨步电压的接地故障点进行检查时，室内不得接近故障点（   ）m以内。(1.0分)

○2　　　　　　　　　　○3　　　　　　　　　　○4

[单选题] 77. 如果触电者心跳停止，有呼吸，应立即对触电者施行（   ）急救。(1.0分)

○仰卧压胸法　　　　　　○胸外心脏按压法　　　　○俯卧压背法

[单选题] 78. （   ）仪表由固定的线圈、可转动的线圈及转轴、游丝、指针、机械调零机构等组成。(1.0分)

○磁电系　　　　　　　　○电磁系　　　　　　　　○电动系

[单选题] 79. 电流表的符号是（   ）。(1.0分)

○Ⓐ　　　　　　　　　　○Ω　　　　　　　　　　○Ⓥ

[单选题] 80. 线路或设备的绝缘电阻用（   ）进行测量。(1.0分)

○万用表的电阻档　　　　○绝缘电阻表　　　　　　○接地电阻表

[单选题] 81. 为了检查可以短时停电，在触及电容器前必须（   ）。(1.0分)

○充分放电　　　　　　　○长时间停电　　　　　　○冷却之后

[单选题] 82. 接地线应用多股软裸铜线，其截面积不得小于（   ）mm^2。(1.0分)

○6　　　　　　　　　　○10　　　　　　　　　　○25

[单选题] 83. 按国际和我国标准，保护接地线或保护接零线应用（   ）线。(1.0分)

○黑色　　　　　　　　　○蓝色　　　　　　　　　○绿-黄双色

[单选题] 84. 登杆前，应对脚扣进行（   ）。(1.0分)

○人体静载荷试验　　　　○人体载荷冲击试验　　　○人体载荷拉伸试验

[单选题] 85. 暗装的开关及插座应有（   ）。(1.0分)

○明显标志　　　　　　　○盖板　　　　　　　　　○警示标志

[单选题] 86. 下列灯具中功率因数最高的是（   ）。(1.0分)

○白炽灯　　　　　　　　○节能灯　　　　　　　　○荧光灯

[单选题] 87. 在检查插座时，验电笔在插座的两个孔均不亮，首先判断是（　　　）。(1.0分)

○短路　　　　　　　　○相线断线　　　　　　　　○中性线断线

[单选题] 88. 尖嘴钳150mm是指（　　　）。(1.0分)

○其绝缘手柄为150mm

○其总长度为150mm

○其开口为150mm

[单选题] 89. 穿管导线内最多允许（　　　）个导线接头。(1.0分)

○2　　　　　　　　○1　　　　　　　　○0

[单选题] 90. 我们平时称的瓷瓶在电工专业中称为（　　　）。(1.0分)

○绝缘瓶　　　　　　　　○隔离体　　　　　　　　○绝缘子

[单选题] 91. 导线接头要求应接触紧密和（　　　）等。(1.0分)

○拉不断　　　　　　　　○牢固可靠　　　　　　　　○不会发热

[单选题] 92. 运输液化气、石油等的槽车在行驶时，在槽车底部应采用金属链条或导电橡胶使之与大地接触，其目的是（　　　）。(1.0分)

○中和槽车行驶中产生的静电荷

○泄漏槽车行驶中产生的静电荷

○使槽车与大地等电位

[单选题] 93. 在一个闭合回路中，电流与电源电动势成正比，与电路中内电阻和外电阻之和成反比，这一定律称为（　　　）。(1.0分)

○全电路欧姆定律

○全电路电流定律

○部分电路欧姆定律

[单选题] 94. 电度表是测量（　　　）的仪器。(1.0分)

○电流　　　　　　　　○电压　　　　　　　　○电能

[单选题] 95. 串联电路中各电阻两端电压的关系是（　　　）。(1.0分)

○各电阻两端电压相等

○阻值越小两端电压越高

○阻值越大两端电压越高

[单选题] 96. 某四极电动机的转速为1440r/min，则这台电动机的转差率为（　　　）%。(1.0分)

○2　　　　　　　　○4　　　　　　　　○6

[单选题] 97. 在对380V电动机各绕组的绝缘检查中，发现绝缘电阻（　　　），则可初步判定为电动机受潮所致，应对电动机进行烘干处理。(1.0分)

○小于10MΩ　　　　　　　　○大于0.5MΩ　　　　　　　　○小于0.5MΩ

[单选题] 98. 旋转磁场的旋转方向决定于通入定子绕组中的三相交流电源的相序，只要任意调换电动机（　　　）所接交流电源的相序，旋转磁场即反转。(1.0分)

○一相绕组　　　　　　　　○两相绕组　　　　　　　　○三相绕组

［单选题］99. 特低电压限值是指在任何条件下，任意两导体之间出现的（　　）电压值。(1.0分)

〇最小　　　　　　　〇最大　　　　　　　〇中间

［单选题］100. TN-S 俗称（　　）。(1.0分)

〇三相四线　　　　〇三相五线　　　　〇三相三线　　　〇泄漏功率

学习任务九

两个开关控制一盏灯线路安装与调试

▶ 任务简介

根据图9-1给出的电气原理图对线路进行安装和调试，要求在规定时间内完成安装、调试，并交指导教师验收。

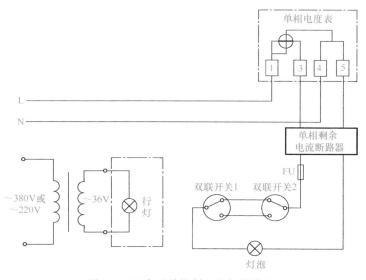

图9-1　两个开关控制一盏灯线路图

▶ 任务目标

知识目标：

（1）掌握单相电度表、单控开关和双控开关的结构、用途、工作原理和选用原则。

（2）正确理解两个开关控制一盏灯线路的工作原理。

（3）能正确识读两个开关控制一盏灯线路的原理图、接线图和布置图。

能力目标：

（1）会按照工艺要求正确安装两个开关控制一盏灯线路。

（2）初步掌握两个开关控制一盏灯线路中运用的单相剩余电流断路器选用方法与简单检修。

素质目标：

养成独立思考和动手操作的习惯，培养小组协调能力和互相学习的精神。

学习活动一　电工理论知识

开关是一种控制线路接通与断开的电气元件。在照明线路中开关大致可分为单联开关、双联开关、多联开关、单控开关、双控开关、感应开关、触摸开关和遥控开关等，照明线路中常见的开关如图9-1-1所示。

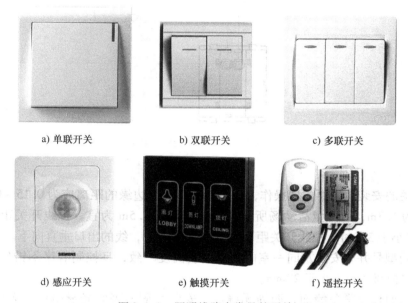

a) 单联开关　　　　b) 双联开关　　　　c) 多联开关

d) 感应开关　　　　e) 触摸开关　　　　f) 遥控开关

图9-1-1　照明线路中常见的开关

所谓"联"，又称为"位"，就是指在一个面板上有几个开关功能模块。"单联"就是有一个开关；"双联"就是有两个开关。所谓"控"，即一个开关选择性地控制几条线路。"单控"指只能控制一条线路的通和断，单控开关有两个接线端。

一、单控开关

1. 单控开关的结构及符号

单控开关主要由按钮、触点系统和外部盒子组成，其结构及图形符号如图9-1-2所示。

2. 单控开关的动作原理

单控开关共有两个接线柱，分别接进线和出线，在拉动或按动开关按钮时，存在接通或断开两种状态，从而把电路变成通路或断路。在照明电路中，为了安全用电，单控开关要接在相线上。

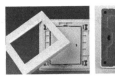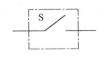

图 9-1-2 单控开关的结构及图形符号

3. 单控开关的接线（图 9-1-3）

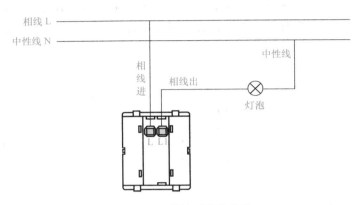

图 9-1-3 单控开关的接线

4. 单控开关的安装要求

（1）开关的安装位置要方便操作，开关边缘距门框边缘的距离应为 0.15～0.2m，开关距地面高度为 1.3m，有儿童活动场所开关安装距地面 1.5m 为宜。拉线开关距地面高度为 2～3m，层高小于 3m 时，拉线开关距顶板不小于 100mm，线的出口垂直向下。

（2）相同型号并列安装及同一室内开关安装高度一致，且控制有序不错位。并列安装的拉线开关的相邻间距不小于 20mm。

（3）开关面板应紧贴墙面，四周无缝隙，安装牢固，表面光滑整洁、无碎裂、划伤，装饰帽齐全。

二、双控开关

双控开关就是一个开关同时带常开、常闭两个触点（即为一对）。通常用两个双控开关控制一个灯或其他电器，意思就是可以有两个开关来控制灯具等电器的开关，比如，在楼下时打开开关，到楼上后关闭开关。如果采取传统开关的话，想要把灯关上，就要跑下楼去关，采用双控开关，就可以避免这个麻烦。

1. 双控开关的结构及符号

双控开关主要由按钮、触点系统和底盒组成，其结构及图形符号如图 9-1-4 所示。

2. 双控开关的接线方式（图 9-1-5）

双控开关的公共端接入相线，上、下两个接线端子分别相连。

3. 双控开关的安装要求

双控开关的安装要求与单控开关安装要求相同，请参考前述介绍。

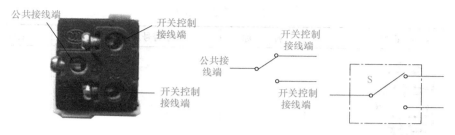

图 9-1-4　双控开关的结构及图形符号

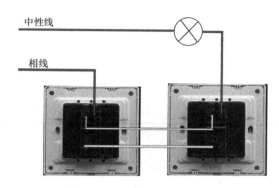

图 9-1-5　双控开关的接线图

4. 开关的选用

（1）开关质量的选择。各种灯开关的内部构造基本相似，都由导电部分的动触点和静触点、操作机构和绝缘构件三部分组成。无论选用哪种开关，都必须选用经过国家有关部门技术鉴定的正规生产厂家的合格产品。

（2）开关在通过额定电流时，其导电部分的温升不超过 50℃，开关的操作机构应灵活轻巧，接线端子应能可靠地连接一根或两根 1～2.5mm² 的导线。

（3）开关的塑料或胶木表面应无气泡、裂缝、铁粉、膨胀、明显的擦痕和毛刺等缺陷，并有良好的光泽等。

（4）开关额定电压和电流的选择。照明电一般都为 220V 电源电压，可选择额定电压为 250V 的开关，开关的额定电流由负载的额定电流来决定。用于普通照明时，可选用额定电流 2.5～10A 的开关；用于大功率负载时，应计算出负载电流，再按照负载电流的两倍选择开关的额定电流。

学习活动二　安装前的准备

一、认识元器件

（1）选出图 9-1 所示电路中所用到的各种电气元器件，查阅相关资料，对照图片写出其名称、符号及功能，见表 9-2-1。

表 9-2-1　元器件明细表

实 物 照 片	名　　称	文字符号及图形符号	功能与用途

（2）如何判别变压器的 36V 与 6.3V 绕组？

（3）如何判别变压器的一次侧与二次侧？

（4）如何判别三相异步电动机的首尾端？

二、识读电气原理图

（1）本电路中单相电度表的作用是什么？

（2）写出本电路的工作原理。

（3）本电路的特点是什么？

三、布置图和接线图

1. 布置图

布置图（又称电气元器件位置图）主要用来表明电气系统中所有电气元器件的实际位置，为生产机械电气控制设备的制造、安装提供必要的资料。一般情况下，布置图是与接线图组合在一起使用的，以便清晰地表示出所使用电气元器件的实际安装位置。

2. 接线图

接线图用规定的图形符号，按各电气元器件相对位置进行绘制，表示各电气元器件的相对位置和它们之间的电路连接状况。在绘制时，不但要画出控制柜内部各电气元器件之间的连接方式，还要画出外部相关电器的连接方式。接线图中的回路标号是电气设备之间、电气元器件之间、导线与导线之间的连接标记，其文字符号和数字符号应与原理图中的标号一致。

按照接线图进行线路安装，安装完成后效果如图 9-2-1 所示。

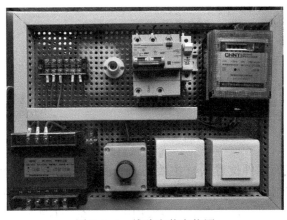

图 9-2-1　线路安装实物图

学习活动三　现场安装与调试

>> **活动步骤**

本活动的基本实施步骤如下：

元器件检测→定位元器件→安装元器件→接线→自检→通电试车（调试）→交付验收。

一、元器件检测（表 9-3-1）

表 9-3-1　元器件检测表

实物照片	名　称	检测步骤	是否可用

（续）

实 物 照 片	名　　称	检 测 步 骤	是 否 可 用

二、根据接线图和布线工艺要求完成布线

1. 安装工艺要求

（1）元器件安装正确牢固，线槽安装横平竖直，连接处严密平整、无缝隙。

（2）为了考虑元器件的散热问题，线槽板不宜与元器件挨得太近，应控制在5cm左右。

（3）合理选择导线，布线时主、控线路分类集中，主线路走配电盘的左边，控制线路和照明线路走配电盘的右边。

（4）放线过程中导线应顺直，不允许有挤压、背扣、扭结和受损等现象；线槽内不允许出现接头，导线接头应放在接线柱上或接线盒内。

（5）线头长短合适，裸露部分不应超过2mm，严禁伤及线芯和导线绝缘层；线耳方向正确，无反圈。

（6）每个电气元器件接线端子上的连接导线不得多于两根，每个接线端子上一般只允许连接一根导线。

（7）实训过程中，请认真遵守7S现场管理。

（8）安全文明操作。

2. 安装注意事项

（1）所有低压电器安装前必须先检查，确保完好后再安装。

（2）开关的额定电压应与线路电压相符。

（3）按钮内接线时，要用适当的力旋拧螺钉，以防螺钉打滑。

（4）变压器必须进行可靠的接地。

（5）必须经过任课教师允许后，方可对线路进行通电试车。

（6）通电试车结束后，先断开电源并拆除电源线后，再拆除电动机线。

三、线路调试

首先直观检查接线是否正确、规范。按电路图或接线图，从电源端开始逐段检查接线及接线端子处线号是否正确、有无漏接或错接之处。检查导线接点是否符合要求、接线是否牢

固。同时注意接点接触应良好，以避免带负载运转时产生闪弧现象。

接通 FU，然后将万用表的两只表笔接于 QF 下端 L1、L2 端子做以下几项检查。

（1）检查双联开关：操作双联开关处于断路状态，此时应测得的电阻值为"∞"。然后按下另外一个双联开关，测得灯泡电阻值。

（2）检查行灯：给变压器通电后，用万用表交流电压 250V 档，测量行灯两端是否有电压。

四、通电试车

通过自检和教师确认无误后，在教师的监护下进行通电试车。其操作方法和步骤如下：

合上电源开关 QF，做以下几项试验：

（1）按下其中一个双控开关，灯亮。

（2）再按下另一个双控开关，灯灭。

学 习 活 动 四　小 组 互 评

学生安装接线完毕，根据评分标准（表9-4-1）采用互评形式，让学生从学生的角度进行评分，通过评分看到别人的优点和自己的不足。

表 9-4-1　评分标准

考核工时：45min

总分：

序号	项　　目	考核要求	配分	扣分	说明
1	万用表的使用	正确使用万用表，否则扣5分/项： 1. 使用前要调零 2. 测试前要选用正确档位 3. 测试时正确使用表笔 4. 使用后要拨至规定档位	100		
2	单股导线、七芯多股导线的一字形、T形连接	按正确方法操作： 1. 连接方法错误，扣15分/次 2. 缠绕不紧密、不牢固、损伤芯线，扣5分/处 3. 绝缘过长，扣10分/次			
3	变压器同名端判别	按正确方法判别： 1. 一次侧、二次侧判别不正确，扣10分 2. 二次侧电压值大小判别不正确，扣5分 3. 同名端判别不正确，扣10分			
4	按图接线	按图正确安装： 1. 按图安装接线，否则扣30分 2. 接线桩接线牢固、正确，5个以下不合格的扣10分；5个以上 不合格的扣20分；10个以上不合格的扣30分 3. 元器件布置整齐、正确、牢固，否则扣10分/个 4. 导线布置整齐、不随意搭线，否则扣10分			

（续）

序号	项　　目	考 核 要 求	配分	扣分	说明
5	通电试车	正确操作，试车成功： 1. 试车前要验电，否则扣 10 分 2. 因线路接错造成试车不成功，扣 75 分 3. 因操作失误造成试车不成功，扣 45 分	100		
6	操作安全	造成线路短路的取消考试资格			

学习活动五　理论考点测验

测验时间：60min　　　　　　　　　　　　　　　　　　得分：＿＿＿＿＿

[判断题] 1. 为了防止电气火花、电弧等引燃爆炸物，应选用防爆电气级别和温度组别与环境相适应的防爆电气设备。(1.0 分)

○对　　　　　　　　○错

[判断题] 2. 在带电灭火时，如果用喷雾水枪，应将水枪喷嘴接地，并穿上绝缘靴、戴上绝缘手套，才可进行灭火操作。(1.0 分)

○对　　　　　　　　○错

[判断题] 3. 使用电气设备时，由于导线截面积选择过小，当电流较大时也会因发热过大而引发火灾。(1.0 分)

○对　　　　　　　　○错

[判断题] 4. 在采用多级熔断器保护中，后级熔体的额定电流比前级大，以电源端为最前端。(1.0 分)

○对　　　　　　　　○错

[判断题] 5. 断路器在选用时，要求断路器的额定通断能力要大于或等于被保护线路中可能出现的最大负载电流。(1.0 分)

○对　　　　　　　　○错

[判断题] 6. 按钮根据使用场合，可选的种类有开启式、防水式、防腐式、防护式等。(1.0 分)

○对　　　　　　　　○错

[判断题] 7. 安全可靠是对任何开关电器的基本要求。(1.0 分)

○对　　　　　　　　○错

[判断题] 8. 行程开关的作用是将机械行走的长度用电信号传出。(1.0 分)

○对　　　　　　　　○错

[判断题] 9. 熔断器的特性是通过熔体的电压值越高，熔断时间越短。(1.0 分)

○对　　　　　　　　○错

[判断题] 10. 隔离开关用于承担接通和断开电流任务，将电路与电源隔开。(1.0 分)

○对　　　　　　　　○错

［判断题］11. 低压配电屏是按一定的接线方案将有关低压一、二次设备组装起来，每一个主电路方案对应一个或多个辅助方案，从而简化了工程设计。（1.0分）

○对　　　　　　　　○错

［判断题］12. 开启式开关熔断器组（俗称胶壳开关）不适合用于直接控制5.5kW以上的交流电动机。（1.0分）

○对　　　　　　　　○错

［判断题］13. 断路器属于手动电器。（1.0分）

○对　　　　　　　　○错

［判断题］14. 工频电流比高频电流更容易引起皮肤灼伤。（1.0分）

○对　　　　　　　　○错

［判断题］15. 触电事故是由于电能以电流形式作用于人体而造成的事故。（1.0分）

○对　　　　　　　　○错

［判断题］16. 通电时间增加，人体电阻因出汗而增加，导致通过人体的电流减小。（1.0分）

○对　　　　　　　　○错

［判断题］17. 用钳形表测量电流时，尽量将导线置于钳口铁心中间，以减小测量误差。（1.0分）

○对　　　　　　　　○错

［判断题］18. 绝缘电阻表在使用前，无须先检查其是否完好，可直接对被测设备进行绝缘测量。（1.0分）

○对　　　　　　　　○错

［判断题］19. 万用表在测量电阻时，指针指在刻度盘中间最准确。（1.0分）

○对　　　　　　　　○错

［判断题］20. 电压表内阻越大越好。（1.0分）

○对　　　　　　　　○错

［判断题］21. 交流电流表和电压表所测得的值都是有效值。（1.0分）

○对　　　　　　　　○错

［判断题］22. 钳形表既能测量交流电流，也能测量直流电流。（1.0分）

○对　　　　　　　　○错

［判断题］23. 测量电流时应把电流表串联在被测电路中。（1.0分）

○对　　　　　　　　○错

［判断题］24. 并联电容器所接的线停电后，必须断开电容器组。（1.0分）

○对　　　　　　　　○错

［判断题］25. 电容器的放电负载不能装设熔断器或开关。（1.0分）

○对　　　　　　　　○错

［判断题］26. 电容器放电的方法就是将其两端用导线连接。（1.0分）

○对　　　　　　　　○错

［判断题］27. 电工特种作业人员应当具备高中或相当于高中以上文化程度。（1.0分）

○对　　　　　　　　○错

[判断题] 28. 取得高级电工证的人员就可以从事电工作业。(1.0分)

○对　　　　　　　　○错

[判断题] 29. 电工作业分为高压电工和低压电工。(1.0分)

○对　　　　　　　　○错

[判断题] 30. 绝缘棒在闭合或拉开高压隔离开关和跌落式熔断器，装拆携带式接地线，以及进行辅助测量和试验时使用。(1.0分)

○对　　　　　　　　○错

[判断题] 31. 使用脚扣进行登杆作业时，上、下杆的每一步必须使脚扣环完全套入并可靠地扣住电杆，才能移动身体，否则会造成事故。(1.0分)

○对　　　　　　　　○错

[判断题] 32. 在安全色标中用红色表示禁止、停止或消防。(1.0分)

○对　　　　　　　　○错

[判断题] 33. 验电是保证电气作业安全的技术措施之一。(1.0分)

○对　　　　　　　　○错

[判断题] 34. 路灯的各回路应有保护，每一灯具宜设单独熔断器。(1.0分)

○对　　　　　　　　○错

[判断题] 35. 吊灯安装在桌子上方时，与桌子的垂直距离不少于1.5m。(1.0分)

○对　　　　　　　　○错

[判断题] 36. 当拉下总开关后，线路即视为无电。(1.0分)

○对　　　　　　　　○错

[判断题] 37. 为了安全可靠，所有开关均应同时控制相线和中性线。(1.0分)

○对　　　　　　　　○错

[判断题] 38. 用验电笔验电时应赤脚站立，保证与大地有良好的接触。(1.0分)

○对　　　　　　　　○错

[判断题] 39. 白炽灯属热辐射光源。(1.0分)

○对　　　　　　　　○错

[判断题] 40. 多用螺钉旋具的规格以它的全长（手柄加旋杆）表示。(1.0分)

○对　　　　　　　　○错

[判断题] 41. 剥线钳是用来剥削小导线头部表面绝缘层的专用工具。(1.0分)

○对　　　　　　　　○错

[判断题] 42. 一号电工刀比二号电工刀的刀柄长度长。(1.0分)

○对　　　　　　　　○错

[判断题] 43. 手持式电动工具的接线可以随意加长。(1.0分)

○对　　　　　　　　○错

[判断题] 44. 低压绝缘材料的耐压等级一般为500V。(1.0分)

○对　　　　　　　　○错

[判断题] 45. 导线连接后接头与绝缘层的距离越小越好。(1.0分)

○对　　　　　　　　○错

[判断题] 46. 水和金属比较，水的导电性能更好。(1.0分)

○对　　　　　　　　　○错

[判断题] 47. 电力线路敷设时严禁采用突然剪断导线的办法松线。(1.0分)

○对　　　　　　　　　○错

[判断题] 48. 绝缘体被击穿时的电压称为击穿电压。(1.0分)

○对　　　　　　　　　○错

[判断题] 49. 截面积较小的单股导线平接时可采用绞接法。(1.0分)

○对　　　　　　　　　○错

[判断题] 50. 静电现象是很普遍的电现象，其危害不小，固体静电可达 200kV 以上，人体静电也可达 10kV 以上。(1.0分)

○对　　　　　　　　　○错

[判断题] 51. 雷电时应禁止屋外高空检修、试验和屋内验电等作业。(1.0分)

○对　　　　　　　　　○错

[判断题] 52. 雷电按其传播方式可分为直击雷和感应雷两种。(1.0分)

○对　　　　　　　　　○错

[判断题] 53. 雷雨天气，即使在室内也不要修理家中的电气线路、开关、插座等。如果一定要修理，应把家中电源总开关拉开。(1.0分)

○对　　　　　　　　　○错

[判断题] 54. 载流导体在磁场中一定受到磁场力的作用。(1.0分)

○对　　　　　　　　　○错

[判断题] 55. 交流发电机是应用电磁感应的原理发电的。(1.0分)

○对　　　　　　　　　○错

[判断题] 56. 规定小磁针的北极所指的方向是磁力线的方向。(1.0分)

○对　　　　　　　　　○错

[判断题] 57. 磁力线是一种闭合曲线。(1.0分)

○对　　　　　　　　　○错

[判断题] 58. 220V 交流电压的最大值为 380V。(1.0分)

○对　　　　　　　　　○错

[判断题] 59. 欧姆定律指出，在一个闭合电路中，当导体温度不变时通过导体的电流与加在导体两端的电压成反比，与其电阻成正比。(1.0分)

○对　　　　　　　　　○错

[判断题] 60. 电动机在正常运行时，如闻到焦臭味，则说明电动机转速过快。(1.0分)

○对　　　　　　　　　○错

[判断题] 61. 电动机因发出焦臭味而停止运行的，必须找出原因后才能再通电使用。(1.0分)

○对　　　　　　　　　○错

[判断题] 62. 电动机异常发响发热的同时，转速急剧下降应立即切断电源，停机检查。(1.0分)

○对　　　　　　　　　○错

[判断题] 63. 对电动机各绕组的绝缘进行检查，如测出绝缘电阻不合格，不允许通电运行。(1.0 分)
　　○对　　　　　　　　　○错

[判断题] 64. 电气控制系统图包括电气原理图和电气安装图。(1.0 分)
　　○对　　　　　　　　　○错

[判断题] 65. 能耗制动方法是将转子的动能转化为电能，并消耗在转子回路的电阻上。(1.0 分)
　　○对　　　　　　　　　○错

[判断题] 66. 三相电动机的转子和定子要同时通电才能工作。(1.0 分)
　　○对　　　　　　　　　○错

[判断题] 67. SELV（Safety Extra Low Voltage，安全特低电压）只作为接地系统的电击保护。(1.0 分)
　　○对　　　　　　　　　○错

[判断题] 68. 单相 220V 电源供电的电气设备应选用三极式剩余电流动作保护装置。(1.0 分)
　　○对　　　　　　　　　○错

[判断题] 69. 剩余电流动作保护装置主要用于 1000V 以下的低压系统。(1.0 分)
　　○对　　　　　　　　　○错

[判断题] 70. 变配电设备应有完善的屏护装置。(1.0 分)
　　○对　　　　　　　　　○错

[单选题] 71. 当低压电气火灾发生时，首先应做的是（　　　）。(1.0 分)（请在正确选项○中打钩）
　　○迅速离开现场去报告领导
　　○迅速设法切断电源
　　○迅速用干粉或者二氧化碳灭火器灭火

[单选题] 72. 非自动切换电器是依靠（　　）直接操作来进行工作的。(1.0 分)
　　○外力（如手控）　　　○电动　　　　　　　○感应

[单选题] 73. 电业安全工作规程上规定，对地电压为（　　）V 及以下的设备为低压设备。(1.0 分)
　　○400　　　　　　　　　○380　　　　　　　　○250

[单选题] 74. 组合开关用于电动机可逆控制时，（　　）允许反向接通。(1.0 分)
　　○不必在电动机完全停转后就
　　○可在电动机停后就
　　○必须在电动机完全停转后才

[单选题] 75. 封闭式开关熔断器组（俗称铁壳开关）在控制电动机起动和停止时，要求额定电流大于或等于（　　）倍电动机额定电流。(1.0 分)
　　○1　　　　　　　　　○2　　　　　　　　○3

[单选题] 76. 人的室颤电流约为（　　）mA。(1.0 分)
　　○16　　　　　　　　　○30　　　　　　　　○50

[单选题] 77. 据一些资料表明，心跳呼吸停止时，若在（　　）min 内进行抢救，约 80% 可以救活。(1.0 分)

○1　　　　　　　　　　○2　　　　　　　　　　○3

[单选题] 78. 用绝缘电阻表测量电阻的单位是（　　）。(1.0 分)

○Ω　　　　　　　　　　○kΩ　　　　　　　　　○MΩ

[单选题] 79. 电度表是测量（　　）的仪器。(1.0 分)

○电流　　　　　　　　○电压　　　　　　　　○电能

[单选题] 80. 线路或设备的绝缘电阻用（　　）进行测量。(1.0 分)

○万用表的电阻档　　　○绝缘电阻表　　　　　○接地电阻表

[单选题] 81. 并联电力电容器的作用是（　　）。(1.0 分)

○降低功率因数　　　　○提高功率因数　　　　○维持电流

[单选题] 82. 特种作业操作证每（　　）年复审一次。(1.0 分)

○5　　　　　　　　　　○4　　　　　　　　　　○3

[单选题] 83. 保险绳的使用应（　　）。(1.0 分)

○高挂低用　　　　　　○低挂调用　　　　　　○保证安全

[单选题] 84. "禁止合闸，有人工作"的标志牌应制作为（　　）。(1.0 分)

○白底红字　　　　　　○红底白字　　　　　　○白底绿字

[单选题] 85. 当断路器动作后，用手触摸其外壳表现为开关外壳较热，则动作的可能是（　　）。(1.0 分)

○短路　　　　　　　　○过载　　　　　　　　○欠电压

[单选题] 86. 螺口灯头的螺纹应与（　　）相接。(1.0 分)

○中性线　　　　　　　○相线　　　　　　　　○地线

[单选题] 87. 荧光灯属于（　　）光源。(1.0 分)

○气体放电　　　　　　○热辐射　　　　　　　○生物放电

[单选题] 88. 电烙铁用于（　　）导线接头等。(1.0 分)

○铜焊　　　　　　　　○锡焊　　　　　　　　○铁焊

[单选题] 89. 保护接地线或保护接零线的颜色按标准应采用（　　）。(1.0 分)

○蓝色　　　　　　　　○红色　　　　　　　　○绿-黄双色

[单选题] 90. 低压断路器也称为（　　）。(1.0 分)

○刀开关　　　　　　　○总开关　　　　　　　○自动空气开关

[单选题] 91. 在铝绞线中加入钢芯的作用是（　　）。(1.0 分)

○提高导电能力　　　　○增大导线面积　　　　○提高机械强度

[单选题] 92. 静电防护的措施比较多，下面常用又行之有效的可消除设备外壳静电的方法是（　　）。(1.0 分)

○接地　　　　　　　　○接零　　　　　　　　○串接

[单选题] 93. 在均匀磁场中，通过某一平面的磁通量为最大时，这个平面就和磁力线（　　）。(1.0 分)

○平行　　　　　　　　○垂直　　　　　　　　○斜交

[单选题] 94. 三相四线制的中性线的截面积一般（　　）相线截面积。(1.0 分)

○大于 ○小于 ○等于

[单选题] 95. 我们使用的照明电压为 220V，这个值是交流电的（   ）。(1.0 分)

○有效值 ○最大值 ○恒定值

[单选题] 96. 对照电动机与其铭牌检查，主要有（   ）、频率、定子绕组的连接方法。(1.0 分)

○电源电压 ○电源电流 ○工作制

[单选题] 97. 对电动机各绕组进行绝缘检查时，如测出绝缘电阻为零，在发现无明显烧毁的现象时，则可进行烘干处理，这时（   ）通电运行。(1.0 分)

○允许 ○不允许 ○烘干后就可

[单选题] 98. 电动机在额定工作状态下运行时，（   ）的机械功率叫作额定功率。(1.0 分)

○允许输入 ○允许输出 ○推动电动机

[单选题] 99. 在不接地系统中，如发生单相接地故障时，其他相线对地电压会（   ）。(1.0 分)

○升高 ○降低 ○不变

[单选题] 100. 几种线路同杆架设时必须保证高压线路在低压线路（   ）。(1.0 分)

○左方 ○右方 ○上方

学习任务十

三相有功电度表线路安装与调试

根据图 10-1 给出的电气原理图对线路进行安装和调试，要求在规定期限完成安装、调试，并交指导教师验收。

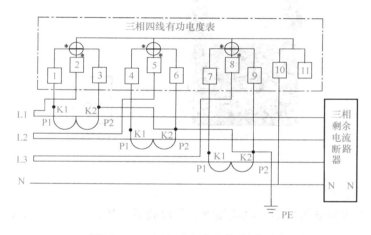

图 10-1　三相有功电度表线路原理图

任务目标

知识目标：

（1）掌握三相有功电度表的结构、用途、工作原理和选用原则。

（2）正确理解三相有功电度表线路的工作原理。

（3）能正确认识三相有功电度表线路的原理图、接线图和布置图。

（4）掌握电流互感器在线路中的作用，并正确安装。

能力目标：

（1）会按照工艺要求正确安装三相有功电度表线路。

（2）初步掌握三相有功电度表线路中运用的三相有功电度表选用方法与简单检修。

素质目标：

养成独立思考和动手操作的习惯，培养小组协调能力和互相学习的精神。

<h1 style="text-align:center">学习活动一　电工理论知识</h1>

三相电度表

三相有功电度表是用于测量三相交流电路中电源输出（或负载消耗）的电能的电度表。常用三相有功电度表的外形及电气符号如图 10-1-1 所示。

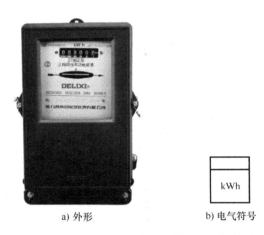

a) 外形　　　　　　　　b) 电气符号

图 10-1-1　三相有功电度表的外形及电气符号

1. 三相有功电度表的结构

三相有功电度表由电压线圈、电流线圈、量电装置、传动装置及外壳组成。

2. 三相电度表的工作原理

三相电度表的工作原理与单相电度表完全相同，只是在结构上采用多组驱动部件和固定在转轴上的多个铝盘的方式，以实现对三相电能的测量。当电度表接入被测电路后，被测电路的电压加在电压线圈上，被测电路的电流通过电流线圈后，产生两个交变磁通穿过铝盘，这两个磁通在时间上相同，分别在铝盘上产生涡流。由于磁通与涡流的相互作用而产生转动力矩，使铝盘转动。制动磁铁的磁通也穿过铝盘，当铝盘转动时，切割此磁通，在铝盘上感应出电流，这个电流和制动磁铁的磁通相互作用而产生一个与铝盘旋转方向相反的制动力矩，使铝盘的转速达到均匀。

由于磁通与电路中的电压和电流成比例，因而铝盘转动与电路中所消耗的电能成比例，也就是说，负载功率越大，铝盘转得越快。铝盘的转动经过蜗杆传动计数器，计数器就自动累计线路中实际所消耗的电能。

3. 三相电度表的分类

1）按接线制式可分为三相三线电度表和三相四线电度表。

2）按功能又可分为无功电度表、有功电度表、多功能电度表、智能电度表、预付费电度表等。

3）按工作原理可分为电气机械式电度表和电子式电度表。

4. 三相有功电度表的型号及含义（图 10-1-2）

三相电度表的型号由类别代号 + 组别代号 + 设计序号 + 派生号组成。

（1）类别代号：D—电度表。

（2）组别代号。

1）表示相线：D—单相；S—三相三线有功；T—三相四线有功。

2）用途：A—安培小时计；B—标准；D—多功能；M—脉冲；S—全电子式；X—无功。

（3）设计序号用阿拉伯数字表示，如 862、864、201 等。

（4）派生号有以下几种表示方法：T—湿热、干燥两用；TH—湿热带用；TA—干热带用；G—高原用；H—船用；F—化工防腐用等。

例：DD 表示单相电度表，如 DD862 型、DD702 型；DT 表示三相四线有功电度表，如 DT862 型、DT864 型；DX 表示无功电度表，如 DX963 型、DX862 型；DBS 表示三相三线标准电度表，如 DBS25 型。

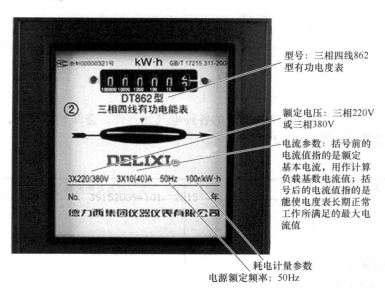

图 10-1-2　三相有功电度表的型号及含义

5. 三相四线有功电度表的接线（图 10-1-3 和图 10-1-4）

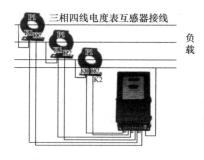

图 10-1-3　实物接线示意图

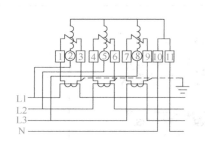

图 10-1-4　端子接线图

翻开接线端子盖，就可以看到接线端子。其中 1、4、7 接电流互感器二次侧 K1 端，即电流进线端；3、6、9 接电流互感器二次侧 K2 端，即电流出线端；2、5、8 分别接三相电源；10、11 是接零端。为了安全，应将电流互感器 K2 端连接后接地。

6. 电度表安装注意事项

（1）电度表在出厂前经检验合格，并加封铅印，即可安装使用。对无铅封或贮存时间过久的电度表应请有关部门重新检验后，方可安装使用。

（2）电度表由原包装箱中取出时发现内包装或外壳损伤，不要对该电度表进行安装、加电。

（3）安装电度表需有经验的电工或专业人员，并确定读完安装手册。

（4）电度表应安装在室内通风干燥的地方，可采用多种安装方式。

（5）在有污秽及可能损坏机构的场所，电度表应安装在保护柜内。

（6）安装接线时应按照电度表端钮盖上的接线图或本书中的相应接线图进行接线。

学习活动二　安装前的准备

一、认识元器件

（1）选出图 10-1 所示电路中所用到的各种电气元器件，查阅相关资料，对照图片写出其名称、符号及功能，见表 10-2-1。

表 10-2-1　元器件明细表

实 物 照 片	名 称	文字符号及图形符号	功能与用途

（续）

实 物 照 片	名　　称	文字符号及图形符号	功能与用途

（2）画出三相有功电度表的接线图。

（3）做一个单股导线接头（一字形）。

二、识读电气原理图

（1）本电路中电流互感器的作用是什么？

（2）用三芯电缆做一个单相电源的插头和插座。

三、布置图和接线图

1. 布置图

布置图（又称电气元器件位置图）主要用来表明电气系统中所有电气元器件的实际位置，为生产机械电气控制设备的制造、安装提供必要的资料。一般情况下，布置图是与接线图组合在一起使用的，以便清晰地表示出所使用电气元器件的实际安装位置。

2. 接线图

接线图用规定的图形符号，按各电气元器件相对位置进行绘制，表示各电气元器件的相对位置和它们之间的电路连接状况。在绘制时，不但要画出控制柜内部各电气元器件之间的连接方式，还要画出外部相关电器的连接方式。接线图中的回路标号是电气设备之间、电气元器件之间、导线与导线之间的连接标记，其文字符号和数字符号应与原理图中的标号一致。

按照接线图进行线路安装，安装完成后效果如图 10-2-1 所示。

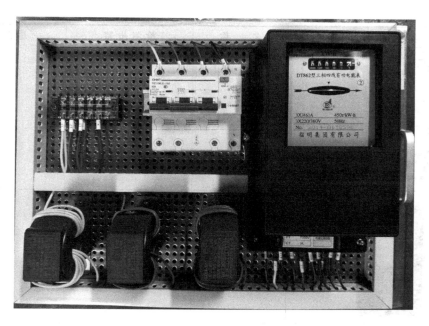

图 10-2-1　线路安装实物图

学习活动三　现场安装与调试

>> **活动步骤**

本活动的基本实施步骤如下：

元器件检测→定位元器件→安装元器件→接线→自检→通电试车（调试）→交付验收。

一、元器件检测（表 10-3-1）

表 10-3-1　元器件检测表

实物照片	名　　称	检测步骤	是否可用

（续）

实物照片	名　称	检测步骤	是否可用

二、根据接线图和布线工艺要求完成布线

1. 安装工艺要求

（1）元器件安装正确牢固，线槽安装横平竖直，连接处严密平整、无缝隙。

（2）为了考虑元器件的散热问题，线槽板不宜与元器件挨得太近，应控制在5cm左右。

（3）合理选择导线，布线时主、控线路分类集中，主线路走配电盘的左边，控制线路和照明线路走配电盘的右边。

（4）放线过程中导线应顺直，不允许有挤压、背扣、扭结和受损等现象；线槽内不允许出现接头，导线接头应放在接线柱上或接线盒内。

（5）线头长短合适，裸露部分不应超过2mm，严禁伤及线芯和导线绝缘层；线耳方向正确，无反圈。

（6）每个电气元件接线端子上的连接导线不得多于两根，每个接线端子上一般只允许连接一根导线。

（7）实训过程中，请认真遵守7S现场管理。

（8）安全文明操作。

2. 安装注意事项

（1）所有低压电器安装前必须先检查，确保完好后再安装。

（2）三相电度表的额定电压应与线路电压相符。

（3）按钮内接线时，要用适当的力旋拧螺钉，以防螺钉打滑。

（4）电流互感器必须进行可靠的接地。

（5）必须经过任课教师允许后，方可对线路进行通电试车。

（6）通电试车结束后，先断开电源并拆除电源线后，再拆除电动机线。

三、线路检查

首先直观检查接线是否正确、规范。按电路图或接线图，从电源端开始逐段检查接线及接线端子处线号是否正确、有无漏接或错接之处。检查导线接点是否符合要求、接线是否牢固。同时注意连接点接触应良好，以避免带负载运转时产生闪弧现象。

四、通电试车

通过自检和教师确认无误后，在教师的监护下进行通电试车。闭合三相剩余电流断路器，用验电笔进行验电，检查三相电源是否正常。

学习活动四　小组互评

学生安装接线完毕，根据评分标准（表10-4-1）采用互评形式，让学生从学生的角度来进行评分，通过评分看到别人的优点和自己的不足。

表 10-4-1　评分标准

考核工时：45min　　　　　　　　　　　　　　　　　　　　　　　　　　　　　总分：

序号	项　目	考核要求	配分	扣分	说明
1	万用表的使用	正确使用万用表，否则扣5分/项： 1. 使用前要调零 2. 测试前要选用正确档位 3. 测试时正确使用表笔 4. 使用后要拨至规定档位	100		
2	单股导线、七芯多股导线的一字形、T形连接	按正确方法操作： 1. 连接方法错误，扣15分/次 2. 缠绕不紧密、不牢固、损伤芯线，扣5分/处 3. 绝缘过长，扣10分/次			

（续）

序号	项　目	考核要求	配分	扣分	说明
3	按图接线	按图正确安装： 1. 按图安装接线，否则扣30分 2. 接线桩接线牢固、正确，5个以下不合格的扣10分；5个以上不合格的扣20分；10个以上不合格的扣30分 3. 元器件布置整齐、正确、牢固，否则扣10分/个 4. 导线布置整齐、不随意搭线，否则扣10分	100		
4	通电试车	正确操作，试车成功： 1. 试车前要验电，否则扣10分 2. 因线路接错造成试车不成功，扣75分 3. 因操作失误造成试车不成功，扣45分			
5	操作安全	造成线路短路的取消考试资格			

学习活动五　理论考点测验

测验时间：60min　　　　　　　　　　　　　　得分：_____

[判断题] 1. 二氧化碳灭火器带电灭火只适用于600V以下的线路，如果是10kV或者35kV线路，如要带电灭火只能选择干粉灭火器。（1.0分）

○对　　　　　　　　○错

[判断题] 2. 旋转电气设备着火时不宜用干粉灭火器灭火。（1.0分）

○对　　　　　　　　○错

[判断题] 3. 在带电灭火时，如果用喷雾水枪，应将水枪喷嘴接地，并穿上绝缘靴、戴上绝缘手套，才可进行灭火操作。（1.0分）

○对　　　　　　　　○错

[判断题] 4. 目前我国生产的接触器额定电流一般大于或等于630A。（1.0分）

○对　　　　　　　　○错

[判断题] 5. 在选用断路器时，要求其额定通断能力要大于或等于被保护线路中可能出现的最大负载电流。（1.0分）

○对　　　　　　　　○错

[判断题] 6. 电动式时间继电器的延时时间不受电源电压波动及环境温度变化的影响。（1.0分）

○对　　　　　　　　○错

[判断题] 7. 中间继电器的动作值与释放值可调节。（1.0分）

○对　　　　　　　　○错

[判断题] 8. 组合开关可直接起动5kW以下的电动机。（1.0分）

○对　　　　　　　　　　○错

[判断题] 9. 行程开关的作用是将机械行走的长度用电信号传出。(1.0分)

○对　　　　　　　　　　○错

[判断题] 10. 刀开关在作为隔离开关使用时，要求刀开关的额定电流要大于或等于线路实际的故障电流。(1.0分)

○对　　　　　　　　　　○错

[判断题] 11. 热继电器是利用双金属片受热弯曲而推动触点动作的一种保护电器，它主要用于线路的速断保护。(1.0分)

○对　　　　　　　　　　○错

[判断题] 12. 时间继电器的文字符号为KT。(1.0分)

○对　　　　　　　　　　○错

[判断题] 13. 熔断器的特性是，通过熔体的电压值越高，熔断时间越短。(1.0分)

○对　　　　　　　　　　○错

[判断题] 14. 30~40Hz的电流危险性最大。(1.0分)

○对　　　　　　　　　　○错

[判断题] 15. 触电事故是由于电能以电流形式作用于人体而造成的事故。(1.0分)

○对　　　　　　　　　　○错

[判断题] 16. 通电时间增加，人体电阻因出汗而增加，导致通过人体的电流减小。(1.0分)

○对　　　　　　　　　　○错

[判断题] 17. 用钳形电流表测量电动机空转电流时，可直接用小电流档一次测量出来。(1.0分)

○对　　　　　　　　　　○错

[判断题] 18. 用万用表 $R \times 10k$ 电阻档测量二极管时，红表笔接一只脚，黑表笔接另一只脚，测得的电阻值约为几百欧姆，反向测量时电阻值很大，则该二极管是好的。(1.0分)

○对　　　　　　　　　　○错

[判断题] 19. 电压表内阻越大越好。(1.0分)

○对　　　　　　　　　　○错

[判断题] 20. 电压的大小用电压表来测量，测量时将其串联在电路中。(1.0分)

○对　　　　　　　　　　○错

[判断题] 21. 电压表在测量时，量程要大于或等于被测线路电压。(1.0分)

○对　　　　　　　　　　○错

[判断题] 22. 万用表使用后，转换开关可置于任意位置。(1.0分)

○对　　　　　　　　　　○错

[判断题] 23. 电流的大小用电流表来测量，测量时将其并联在电路中。(1.0分)

○对　　　　　　　　　　○错

[判断题] 24. 电容器室内要有良好的天然采光。(1.0分)

○对　　　　　　　　　　○错

[判断题] 25. 电容器室内应有良好的通风。(1.0分)

○对　　　　　　　　○错

[判断题] 26. 电容器的放电负载不能装设熔断器或开关。(1.0分)

○对　　　　　　　　○错

[判断题] 27. 电工特种作业人员应具备高中或相当于高中以上文化程度。(1.0分)

○对　　　　　　　　○错

[判断题] 28. 电工应做好用电人员在特殊场所作业的监护作业。(1.0分)

○对　　　　　　　　○错

[判断题] 29. 电工应严格按照操作规程进行作业。(1.0分)

○对　　　　　　　　○错

[判断题] 30. 停电作业安全措施按作用分为预见性措施和防护措施。(1.0分)

○对　　　　　　　　○错

[判断题] 31. 使用脚扣进行登杆作业时，上、下杆的每一步必须使脚扣环完全套入并可靠地扣住电杆，才能移动身体，否则会造成事故。(1.0分)

○对　　　　　　　　○错

[判断题] 32. 使用直梯作业时，梯子放置与地面呈50°左右为宜。(1.0分)

○对　　　　　　　　○错

[判断题] 33. 在安全色标中用绿色表示安全、通过、允许、工作。(1.0分)

○对　　　　　　　　○错

[判断题] 34. 在带电维修线路时，应站在绝缘垫上。(1.0分)

○对　　　　　　　　○错

[判断题] 35. 吊灯安装在桌子上方时，与桌子的垂直距离不小于1.5m。(1.0分)

○对　　　　　　　　○错

[判断题] 36. 民用住宅严禁装设床头开关。(1.0分)

○对　　　　　　　　○错

[判断题] 37. 白炽灯属热辐射光源。(1.0分)

○对　　　　　　　　○错

[判断题] 38. 为了有明显区别，并列安装的同型号开关应位于不同高度，错落有致。(1.0分)

○对　　　　　　　　○错

[判断题] 39. 对于开关频繁的场所应采用白炽灯照明。(1.0分)

○对　　　　　　　　○错

[判断题] 40. 使用手持式电动工具应当检查电源开关是否失灵、是否破损、是否牢固、接线是否松动。(1.0分)

○对　　　　　　　　○错

[判断题] 41. 剥线钳是用来剥削小导线头部表面绝缘层的专用工具。(1.0分)

○对　　　　　　　　○错

[判断题] 42. Ⅱ类手持电动工具比Ⅰ类工具安全可靠。(1.0分)

○对　　　　　　　　○错

[判断题] 43. 手持电动工具有两种分类方式，即按工作电压分类和按防潮程度分类。

（1.0分）

○对　　　　　　　　　○错

[判断题] 44. 吸收比是用绝缘电阻表测定的。（1.0分）

○对　　　　　　　　　○错

[判断题] 45. 导线的工作电压应大于其额定电压。（1.0分）

○对　　　　　　　　　○错

[判断题] 46. 铜线与铝线在需要时可以直接连接。（1.0分）

○对　　　　　　　　　○错

[判断题] 47. 水和金属比较，水的导电性能更好。（1.0分）

○对　　　　　　　　　○错

[判断题] 48. 绝缘材料就是指绝对不导电的材料。（1.0分）

○对　　　　　　　　　○错

[判断题] 49. 当电压低于额定电压值一定比例时能自动断电的称为欠电压保护。（1.0分）

○对　　　　　　　　　○错

[判断题] 50. 10kV 以下运行的阀型避雷器的绝缘电阻应每年测量一次。（1.0分）

○对　　　　　　　　　○错

[判断题] 51. 雷雨天气，即使在室内也不要修理家中的电气线路、开关、插座等。如果一定要修理，应把家中电源总开关断开。（1.0分）

○对　　　　　　　　　○错

[判断题] 52. 除独立避雷针之外，在接地电阻满足要求的前提下，防雷接地装置可以和其他接地装置共用。（1.0分）

○对　　　　　　　　　○错

[判断题] 53. 雷电按其传播方式可分为直击雷和感应雷两种。（1.0分）

○对　　　　　　　　　○错

[判断题] 54. 载流导体在磁场中一定受到磁场力的作用。（1.0分）

○对　　　　　　　　　○错

[判断题] 55. 右手定则可用于判定直导体做切割磁力线运动时所产生的感应电流方向。（1.0分）

○对　　　　　　　　　○错

[判断题] 56. 导电性能介于导体和绝缘体之间的物体称为半导体。（1.0分）

○对　　　　　　　　　○错

[判断题] 57. 符号 "A" 表示交流电源。（1.0分）

○对　　　　　　　　　○错

[判断题] 58. 当导体温度不变时，通过导体的电流与导体两端的电压成正比，与其电阻成反比。（1.0分）

○对　　　　　　　　　○错

[判断题] 59. 并联电路的总电压等于各支路电压之和。（1.0分）

○对　　　　　　　　　○错

[判断题] 60. 对绕线转子异步电动机应经常检查电刷与集电环的接触及电刷的磨损、

压力、火花等情况。（1.0分）

　　○对　　　　　　　　　　○错

　　［判断题］61. 用星-三角减压起动时，起动转矩为直接采用三角形联结时起动转矩的1/3。（1.0分）

　　○对　　　　　　　　　　○错

　　［判断题］62. 转子串频敏变阻器起动的转矩大，适合重载起动。（1.0分）

　　○对　　　　　　　　　　○错

　　［判断题］63. 三相电动机的转子和定子要同时通电才能工作。（1.0分）

　　○对　　　　　　　　　　○错

　　［判断题］64. 电动机异常发响发热的同时，转速急剧下降，应立即切断电源，停机检查。（1.0分）

　　○对　　　　　　　　　　○错

　　［判断题］65. 电气原理图中的所有元器件均按未通电状态或无外力作用时的状态画出。（1.0分）

　　○对　　　　　　　　　　○错

　　［判断题］66. 交流电动机铭牌上的频率是此电动机使用的交流电源的频率。（1.0分）

　　○对　　　　　　　　　　○错

　　［判断题］67. SELV（Safety Extra Low Voltage，安全特低电压）只作为接地系统的电击保护。（1.0分）

　　○对　　　　　　　　　　○错

　　［判断题］68. 机关、学校、企业、住宅等建筑物内的插座回路不需要安装剩余电流动作保护装置。（1.0分）

　　○对　　　　　　　　　　○错

　　［判断题］69. 保护接零适用于中性点直接接地的配电系统中。（1.0分）

　　○对　　　　　　　　　　○错

　　［判断题］70. 单相220V电源供电的电气设备，应选用三极式剩余电流动作保护装置。（1.0分）

　　○对　　　　　　　　　　○错

　　［单选题］71. 当低压电气火灾发生时，首先应做的是（　　　　）。（1.0分）（请在正确选项○中打钩）

　　○迅速离开现场去报告领导

　　○迅速设法切断电源

　　○迅速用干粉或者二氧化碳灭火器灭火

　　［单选题］72. 继电器是一种根据（　　　）来控制电路"接通"或"断开"的自动电器。（1.0分）

　　○外界输入信号（电信号或非电信号）

　　○电信号

　　○非电信号

　　［单选题］73. 交流接触器的机械寿命是指在不带负载时的操作次数，一般达（　　　　）。

（1.0 分）

　　○ 10 万次以下　　　　　　○ 600～1000 万次　　　　○ 10000 万次以上

　　［单选题］74. 在电力控制系统中，使用最广泛的是（　　）式交流接触器。（1.0 分）

　　○气动　　　　　　　　　　○电磁　　　　　　　　　　○液动

　　［单选题］75. 主令电器很多，其中有（　　）。（1.0 分）

　　○接触器　　　　　　　　　○行程开关　　　　　　　　○热继电器

　　［单选题］76. 电流从左手到双脚引起心室颤动效应，一般认为通电时间与电流的乘积大于（　　）mA·s 时就有生命危险。（1.0 分）

　　○ 16　　　　　　　　　　　○ 30　　　　　　　　　　　○ 50

　　［单选题］77. 人体直接接触带电设备或线路中的一相时，电流通过人体流入大地，这种触电现象称为（　　）触电。（1.0 分）

　　○单相　　　　　　　　　　○两相　　　　　　　　　　○三相

　　［单选题］78. 指针式万用表一般可以测量交直流电压、（　　）电流和电阻。（1.0 分）

　　○交直流　　　　　　　　　○交流　　　　　　　　　　○直流

　　［单选题］79. 绝缘电阻表的两个主要组成部分是手摇（　　）和磁电系流比计。（1.0 分）

　　○电流互感器　　　　　　　○直流发电机　　　　　　　○交流发电机

　　［单选题］80. 指针式万用表测量电阻时标度尺最右侧是（　　）。（1.0 分）

　　○∞　　　　　　　　　　　　○ 0　　　　　　　　　　　○不确定

　　［单选题］81. 为了检查可以短时停电，在触及电容器前必须（　　）。（1.0 分）

　　○充分放电　　　　　　　　○长时间停电　　　　　　　○冷却之后

　　［单选题］82. 特种作业操作证有效期为（　　）年。（1.0 分）

　　○ 12　　　　　　　　　　　○ 8　　　　　　　　　　　　○ 6

　　［单选题］83. （　　）是保证电气作业安全的技术措施之一。（1.0 分）

　　○工作票制度　　　　　　　○验电　　　　　　　　　　○工作许可制度

　　［单选题］84. "禁止合闸，有人工作"的标志牌应制作为（　　）。（1.0 分）

　　○白底红字　　　　　　　　○红底白字　　　　　　　　○白底绿字

　　［单选题］85. 合上电源开关，熔丝立即烧断，则线路（　　）。（1.0 分）

　　○短路　　　　　　　　　　○漏电　　　　　　　　　　○电压太高

　　［单选题］86. 在检查插座时，验电笔在插座的两个孔均不亮，首先判断是（　　）。（1.0 分）

　　○短路　　　　　　　　　　○相线断线　　　　　　　　○中性线断线

　　［单选题］87. 单相三孔插座的上孔接（　　）。（1.0 分）

　　○中性线　　　　　　　　　○相线　　　　　　　　　　○地线

　　［单选题］88. Ⅱ类手持电动工具是带有（　　）绝缘的设备。（1.0 分）

　　○基本　　　　　　　　　　○防护　　　　　　　　　　○双重

　　［单选题］89. 导线接头的机械强度不小于原导线机械强度的（　　）%。（1.0 分）

　　○ 80　　　　　　　　　　　○ 90　　　　　　　　　　　○ 95

　　［单选题］90. 下列材料不能作为导线使用的是（　　）。（1.0 分）

　　○铜绞线　　　　　　　　　○钢绞线　　　　　　　　　○铝绞线

[单选题] 91. 低压断路器也称为（   ）。（1.0 分）

○刀开关　　　　　　　○总开关　　　　　　　○自动空气开关

[单选题] 92. 静电防护的措施比较多，下面常用又行之有效的可消除设备外壳静电的方法是（   ）。（1.0 分）

○接地　　　　　　　　○接零　　　　　　　　○串接

[单选题] 93. 将一根导线均匀拉长为原长的 2 倍，则它的阻值为原阻值的（   ）倍。（1.0 分）

○1　　　　　　　　　　○2　　　　　　　　　　○4

[单选题] 94. 电动势的方向是（   ）。（1.0 分）

○从负极指向正极　　　○从正极指向负极　　　○与电压方向相同

[单选题] 95. PN 结两端加正向电压时，其正向电阻（   ）。（1.0 分）

○小　　　　　　　　　　○大　　　　　　　　　　○不变

[单选题] 96. 三相异步电动机按其（   ）的不同可分为开启式、防护式、封闭式三大类。（1.0 分）

○供电电源的方式　　　○外壳防护方式　　　○结构形式

[单选题] 97. 旋转磁场的旋转方向取决于通入定子绕组中的三相交流电源的相序，只要任意调换电动机（   ）所接交流电源的相序，旋转磁场即反转。（1.0 分）

○一相绕组　　　　　　○两相绕组　　　　　　○三相绕组

[单选题] 98. 异步电动机在起动瞬间，转子绕组中感应的电流很大，使定子流过的起动电流也很大，约为额定电流的（   ）倍。（1.0 分）

○2　　　　　　　　　　○4~7　　　　　　　　　○9~10

[单选题] 99. 应装设报警式剩余电流断路器而不自动切断电源的是（   ）。（1.0 分）

○招待所插座回路　　　○生产用的电气设备　　　○消防用电梯

[单选题] 100. 带电体的工作电压越高，要求其间的空间距离（   ）。（1.0 分）

○一样　　　　　　　　○越大　　　　　　　　○越小

带三相四线有功电度表的荧光灯
线路安装与调试

任务简介

根据图 11-1 给出的电气原理图对线路进行安装和调试，要求在规定时间内完成安装、调试，并交有关人员（指导教师）验收。

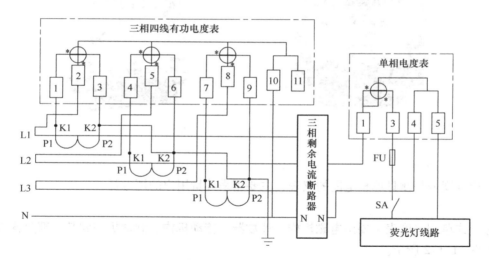

图 11-1　带三相四线有功电度表的荧光灯线路原理图

任务目标

知识目标：

（1）掌握单相电度表的结构、用途、工作原理和选用原则。

（2）正确理解带单相电度表的荧光灯线路的工作原理。

（3）能正确安装三相电度表与荧光灯线路。

能力目标：

（1）会按照工艺要求正确安装带三相四线有功电度表的荧光灯线路。

（2）初步掌握三相有功电度表线路中运用的三相有功电度表选用方法与简单检修。

素质目标：

养成独立思考和动手操作的习惯，培养小组协调能力和互相学习的精神。

<h1 style="text-align:center">学习活动一　电工理论知识</h1>

单相电度表

电度表是计量电能的仪表。凡是需要计量用电量的地方，都要使用电度表。本学习活动介绍的主要是家庭用电中的单相电度表，实物图如图 11-1-1 所示。

图 11-1-1　单相电度表实物图

1. 单相电度表的作用

单相电度表是测量单相电能的仪表，主要用来计量用户的用电量。

2. 单相电度表的结构

感应式单相电度表主要由电磁机构、计数器、传动机构、制动机构和其他部分构成，其结构如图 11-1-2 所示。

电子式单相电度表一般由电源单元、电能测量单元、中央处理单元（单片机）、显示单元、输出单元、通信单元六个部分组成。

3. 单相电度表的图形符号

单相电度表的图形符号如图 11-1-3 所示。

4. 单相电度表的工作原理

感应式电度表的电磁机构由两组线圈及各自的磁路组成，一组线圈与电源并联，称为电压线圈；另一组线圈与被测负载串联，称为电流线圈，工作时流过负载电流。电度表工作时，两组线圈产生的磁通同时穿过铝盘，在这些磁通的共同作用下，铝盘受到一个正比于负载功率的转矩而开始转动，其转速与负载功率成正比。铝盘通过齿轮机构带动计数器，就可直接显示用电量了。

电子式电度表是利用电子电路、芯片来测量电能的。用分压电阻或电压互感器将电压信

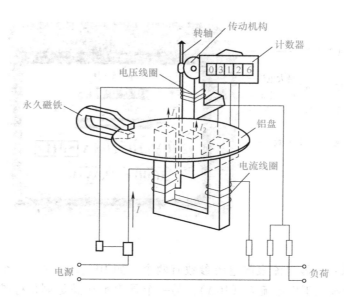

图 11-1-2　感应式单相电度表的结构

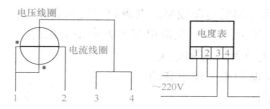

图 11-1-3　单相电度表的图形符号

号变成可用于电子测量的小信号，用分流器或电流互感器将电流信号变成可用于电子测量的小信号，利用专用的电能测量芯片将变换好的电压、电流信号进行模拟或数字乘法，并对电能进行累计，然后输出频率与电能成正比的脉冲信号。脉冲信号驱动步进电动机带动机械计数器显示，或送中央处理单元处理后进行数码显示。

5. 单相电度表的分类

（1）电度表按其使用的电路不同可分为直流电度表和交流电度表。

（2）电度表按其工作原理不同可分为机械式电度表和电子式电度表。

（3）电度表按其结构不同可分为整体式电度表和分体式电度表。

（4）电度表按其用途不同可分为有功电度表、无功电度表、最大需量表、标准电度表、复费率分时电度表、预付费电度表、损耗电度表和多功能电度表等。

6. 单相电度表的电气参数

单相电度表的电气参数主要有电压参数、电流参数、电源频率和耗电量计量参数等。参数在实物图中的位置如图 11-1-4 所示。

（1）电压参数：表示适用电源的电压。我国低压工作电路的单相电压是 220V，三相电压是 380V。标定 220V 的电度表适用于单相普通照明电路。标定 380V 的电度表适用于使用三相电源的工农业生产电路中。

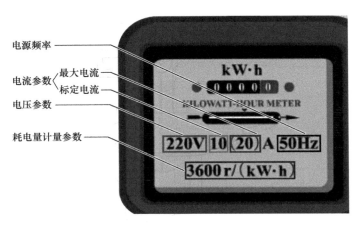

图 11-1-4　单相电度表的电气参数

（2）电流参数：一般电流表的电流参数有两个。如 10（20）A，一个是反映测量精度和起动电流指标的标定工作电流 I_b（10A），另一个是表示在满足测量标准要求情况下允许通过的最大电流 I_{max}（20A）。如果电路中的电流超过允许通过的最大电流 I_{max}，电度表会计数不准甚至会损坏。

（3）电源频率：表示适用的电源频率。电源频率表示交流电流的方向在 1s 内改变的次数。我国交流电的频率规定为 50Hz。交流电流的方向是变化的，这种变化的快慢对于要求苛刻的精密仪器（如 X 光机等）影响很大，对于照明或电热器等对电源频率要求不高的用电器则影响可以忽略不计。

（4）耗电量计量参数：不同的电度表，表达方式不同。转盘式感应式电度表的计量参数是×××r/kW·h，其含义是用电器每消耗 1kW·h 的电能，电度表的铝盘要转过×××转。电子式电度表的计量参数标注的是×××imp/（kW·h），表示用电器每消耗 1kW·h 的电能，电度表产生×××个脉冲。

7. 单相电度表的接线方法

单相电度表的接线方式为 1、3 进线，2、4 出线；1、2 是相线，3、4 是中性线。单相电度表的直接连接和经电流互感器的连接方式如图 11-1-5 所示。

图 11-1-5a 所示的直接连接方式主要用于线路电流不超过最大测量电流的线路；图 11-1-5b 所示经电流互感器的连接方式主要用于线路电流超过最大测量电流的线路。

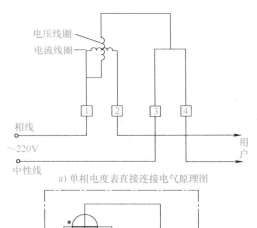

a）单相电度表直接连接电气原理图

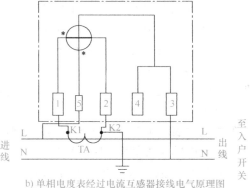

b）单相电度表经过电流互感器接线电气原理图

图 11-1-5　单相电度表的接线方式

学习活动二　安装前的准备

一、认识元器件

（1）选出图 11-1 所示电路中所用到的各种电气元器件，查阅相关资料，对照图片写出其名称、符号及功能，见表 11-2-1。

表 11-2-1　元器件明细表

实　物　照　片	名　　称	文字符号及图形符号	功能与用途

（续）

实 物 照 片	名　称	文字符号及图形符号	功能与用途

（2）观察教师演示荧光灯的接线，并画出荧光灯的原理图。

（3）如何分辨熔断器的好坏？

二、识读电气原理图

（1）写出本电路的工作原理。

（2）单相电度表与三相电度表的接线有什么不同？

（3）如果荧光灯点亮后，把辉光启动器拆掉，请问荧光灯会灭掉吗？

三、布置图和接线图

1. 布置图

布置图（又称电气元器件位置图）主要用来表明电气系统中所有电气元器件的实际位置，为生产机械电气控制设备的制造、安装提供必要的资料。一般情况下，布置图是与接线图组合在一起使用的，以便清晰地表示出所使用电气元器件的实际安装位置。

2. 接线图

接线图用规定的图形符号，按各电气元器件相对位置进行绘制，表示各电气元器件的相对位置和它们之间的电路连接状况。在绘制时，不但要画出控制柜内部各电气元器件之间的连接方式，还要画出外部相关电器的连接方式。接线图中的回路标号是电气设备之间、电气元器件之间、导线与导线之间的连接标记，其文字符号和数字符号应与原理图中的标号一致。

按照接线图进行线路安装，安装完成后效果如图 11-2-1 所示。

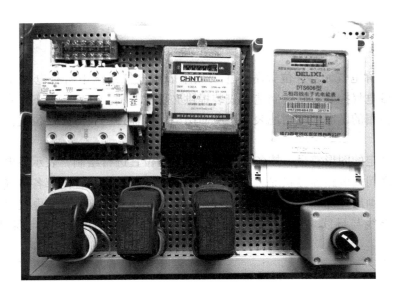

图 11-2-1　线路安装实物图

学习活动三　现场安装与调试

活动步骤

本活动的基本实施步骤如下：

元器件检测→定位元器件→安装元器件→接线→自检→通电试车（调试）→交付验收。

一、元器件检测（表 11-3-1）

表 11-3-1　元器件检测表

实 物 照 片	名　称	检 测 步 骤	是 否 可 用

（续）

实物照片	名　称	检测步骤	是否可用

（续）

实 物 照 片	名　　称	检测步骤	是否可用

二、根据接线图和布线工艺要求完成布线

1. 安装工艺要求

（1）元器件安装正确牢固，线槽安装横平竖直，连接处严密平整、无缝隙。

（2）为了考虑元器件的散热问题，线槽板不宜与元器件挨得太近，应控制在5cm左右。

（3）合理选择导线，布线时主、控线路分类集中，主线路走配电盘的左边，控制线路和照明线路走配电盘的右边。

（4）放线过程中导线应顺直，不允许有挤压、背扣、扭结和受损等现象；线槽内不允许出现接头，导线接头应放在接线柱上或接线盒内。

（5）线头长短合适，裸露部分不应超过2mm，严禁伤及线芯和导线绝缘层；线耳方向正确，无反圈。

（6）每个电气元器件接线端子上的连接导线不得多于两根，每个接线端子上一般只允许连接一根导线。

（7）实训过程中，请认真遵守7S现场管理。

（8）安全文明操作。

2. 安装注意事项

（1）所有低压电器安装前必须先检查，确保完好后再安装。

（2）单相、三相电度表的额定电压应与线路电压相符。

（3）荧光灯接线时，要用适当的力旋拧螺钉，以防螺钉打滑。

（4）电流互感器二次侧必须进行可靠的接地。

（5）必须经过任课教师允许后，方可对线路进行通电试车。

三、自检

安装完毕后进行自检。首先直观检查接线是否正确、规范。按电路图或接线图，从电源端开始逐段检查接线及接线端子处线号是否正确、有无漏接或错接之处。检查导线接点是否符合要求、接线是否牢固。同时注意连接点接触应良好，以避免带负载运转时产生闪弧现象。

四、通电试车

通过自检和教师确认无误后，在教师的监护下进行通电试车。闭合三相剩余电流断路器，用验电笔进行验电，检查三相电源是否正常。

学习活动四　小组互评

学生安装接线完毕，根据评分标准（表 11-4-1）采用互评形式，让学生从学生的角度来进行评分，通过评分看到别人的优点和自己的不足。

表 11-4-1　评分标准

考核工时：45min　　　　　　　　　　　　　　　　　　　　　　　　　　总分：

序号	项　目	考 核 要 求	配分	扣分	说明
1	万用表的使用	正确使用万用表，否则扣 5 分/项： 1. 使用前要调零 2. 测试前要选用正确档位 3. 测试时正确使用表笔 4. 使用后要拨至规定档位	100		
2	单股导线、七芯多股导线的一字形、T 形连接	按正确方法操作： 1. 连接方法错误，扣 15 分/次 2. 缠绕不紧密、不牢固、损伤芯线，扣 5 分/处 3. 绝缘过长，扣 10 分/次			
3	瓷夹布线	按正确方法安装： 1. 瓷夹间距不对，扣 10 分 2. 导线不直、松动、损伤导线，扣 10 分/处			
4	按图接线	按图正确安装： 1. 按图安装接线，否则扣 30 分 2. 接线桩接线牢固、正确，5 个以下不合格的扣 10 分；5 个以上 不合格的扣 20 分；10 个以上不合格的扣 30 分 3. 元器件布置整齐、正确、牢固，否则扣 10 分/个 4. 导线布置整齐、不随意搭线，否则扣 10 分			
5	通电试车	正确操作，试车成功： 1. 试车前要验电，否则扣 10 分 2. 因线路接错造成试车不成功，扣 75 分 3. 因操作失误造成试车不成功，扣 45 分			
6	操作安全	造成线路短路的取消考试资格			

学习活动五 理论考点测验

测验时间：60min   得分：_____

[判断题] 1. 在高压线路发生火灾时，应采用有相应绝缘等级的绝缘工具，迅速拉开隔离开关切断电源，选择二氧化碳或者干粉灭火器进行灭火。（1.0分）
　　○对　　　　　　　　　　○错

[判断题] 2. 使用电气设备时，由于导线截面积选择过小，当电流较大时也会因发热过大而引发火灾。（1.0分）
　　○对　　　　　　　　　　○错

[判断题] 3. 对于在易燃、易爆、易灼烧及有静电发生的场所作业的工作人员，不可以发放和使用化纤防护用品。（1.0分）
　　○对　　　　　　　　　　○错

[判断题] 4. 交流接触器常见的额定最高工作电压达到6000V。（1.0分）
　　○对　　　　　　　　　　○错

[判断题] 5. 按钮的文字符号为SB。（1.0分）
　　○对　　　　　　　　　　○错

[判断题] 6. 组合开关在选作直接控制电动机时，要求其额定电流可取电动机额定电流的2~3倍。（1.0分）
　　○对　　　　　　　　　　○错

[判断题] 7. 接触器的文字符号为KM。（1.0分）
　　○对　　　　　　　　　　○错

[判断题] 8. 热继电器的双金属片弯曲的速度与电流大小有关，电流越大，速度越快，这种特性称为正比时限特性。（1.0分）
　　○对　　　　　　　　　　○错

[判断题] 9. 中间继电器的动作值与释放值可调节。（1.0分）
　　○对　　　　　　　　　　○错

[判断题] 10. 封闭式开关熔断器组（俗称铁壳开关）安装时外壳必须可靠接地。（1.0分）
　　○对　　　　　　　　　　○错

[判断题] 11. 组合开关可直接起动5kW以下的电动机。（1.0分）
　　○对　　　　　　　　　　○错

[判断题] 12. 安全可靠是对任何开关电器的基本要求。（1.0分）
　　○对　　　　　　　　　　○错

[判断题] 13. 中间继电器实际上是一种动作与释放值可调节的电压继电器。（1.0分）
　　○对　　　　　　　　　　○错

[判断题] 14. 工频电流比高频电流更容易引起皮肤灼伤。（1.0分）

○对　　　　　　　　　○错

[判断题] 15. 通电时间增加，人体电阻因出汗而增加，导致通过人体的电流减小。(1.0分)

○对　　　　　　　　　○错

[判断题] 16. 触电事故是由于电能以电流形式作用于人体而造成的事故。(1.0分)

○对　　　　　　　　　○错

[判断题] 17. 绝缘电阻表在使用前，无须先检查其是否完好，可直接对被测设备进行绝缘测量。(1.0分)

○对　　　　　　　　　○错

[判断题] 18. 使用万用表电阻档能够测量变压器的线圈电阻。(1.0分)

○对　　　　　　　　　○错

[判断题] 19. 接地电阻表主要由手摇发电机、电流互感器、电位器以及检流计组成。(1.0分)

○对　　　　　　　　　○错

[判断题] 20. 万用表在测量电阻时，指针指在刻度盘中间最准确。(1.0分)

○对　　　　　　　　　○错

[判断题] 21. 交流钳形表可测量交直流电流。(1.0分)

○对　　　　　　　　　○错

[判断题] 22. 电流表的内阻越小越好。(1.0分)

○对　　　　　　　　　○错

[判断题] 23. 电压表的内阻越大越好。(1.0分)

○对　　　　　　　　　○错

[判断题] 24. 并联电容器有减小电压损失的作用。(1.0分)

○对　　　　　　　　　○错

[判断题] 25. 并联补偿电容器主要用在直流电路中。(1.0分)

○对　　　　　　　　　○错

[判断题] 26. 电容器放电的方法就是将其两端用导线连接。(1.0分)

○对　　　　　　　　　○错

[判断题] 27. 《中华人民共和国安全生产法》第二十七条规定，生产经营单位的特种作业人员必须按照国家有关规定经专门的安全作业培训，取得相应资格，方可上岗作业。(1.0分)

○对　　　　　　　　　○错

[判断题] 28. 特种作业操作证每一年由考核发证部门复审一次。(1.0分)

○对　　　　　　　　　○错

[判断题] 29. 企业、事业单位的职工无特种作业操作证从事特种作业，属违章作业。(1.0分)

○对　　　　　　　　　○错

[判断题] 30. 挂登高板时，应钩口向外并且向上。(1.0分)

○对　　　　　　　　　○错

[判断题] 31. 使用脚扣进行登杆作业时，上、下杆的每一步必须使脚扣环完全套入并可靠地扣住电杆，才能移动身体，否则会造成事故。(1.0分)

　　○对　　　　　　　　　○错

[判断题] 32. 遮栏是为防止工作人员无意碰到带电设备部分而装的设备屏护，分为临时遮栏和常设遮栏两种。(1.0分)

　　○对　　　　　　　　　○错

[判断题] 33. 在安全色标中用红色表示禁止、停止或消防。(1.0分)

　　○对　　　　　　　　　○错

[判断题] 34. 事故照明不允许和其他照明共用同一线路。(1.0分)

　　○对　　　　　　　　　○错

[判断题] 35. 在带电维修线路时，应站在绝缘垫上。(1.0分)

　　○对　　　　　　　　　○错

[判断题] 36. 剩余电流断路器跳闸后，允许采用分路停电再送电的方式检查线路。(1.0分)

　　○对　　　　　　　　　○错

[判断题] 37. 验电笔在使用前必须确认其良好。(1.0分)

　　○对　　　　　　　　　○错

[判断题] 38. 为了有明显区别，并列安装的同型号开关应位于不同高度，错落有致。(1.0分)

　　○对　　　　　　　　　○错

[判断题] 39. 低压验电笔可以验出500V以下的电压。(1.0分)

　　○对　　　　　　　　　○错

[判断题] 40. Ⅲ类电动工具的工作电压不超过50V。(1.0分)

　　○对　　　　　　　　　○错

[判断题] 41. 电工钳、电工刀、螺钉旋具是常用的电工基本工具。(1.0分)

　　○对　　　　　　　　　○错

[判断题] 42. 手持式电动工具的接线可以随意加长。(1.0分)

　　○对　　　　　　　　　○错

[判断题] 43. 一号电工刀比二号电工刀的刀柄长度长。(1.0分)

　　○对　　　　　　　　　○错

[判断题] 44. 吸收比是用绝缘电阻表测定的。(1.0分)

　　○对　　　　　　　　　○错

[判断题] 45. 绿-黄双色的导线只能用于保护线。(1.0分)

　　○对　　　　　　　　　○错

[判断题] 46. 导线连接时必须注意做好防腐措施。(1.0分)

　　○对　　　　　　　　　○错

[判断题] 47. 绝缘体被击穿时的电压称为击穿电压。(1.0分)

　　○对　　　　　　　　　○错

[判断题] 48. 敷设电力线路时严禁采用突然剪断导线的办法松线。(1.0分)

○对　　　　　　　　○错

[判断题] 49. 电缆保护层的作用是保护电缆。(1.0分)

○对　　　　　　　　○错

[判断题] 50. 当静电的放电火花能量足够大时，能引起火灾和爆炸事故，在生产过程中静电还会妨碍生产和降低产品质量等。(1.0分)

○对　　　　　　　　○错

[判断题] 51. 雷电可通过其他带电体或直接对人体放电，使人的身体遭到巨大的破坏直至死亡。(1.0分)

○对　　　　　　　　○错

[判断题] 52. 雷雨天气，即使在室内也不要修理家中的电气线路、开关、插座等。如果一定要修理，应把家中电源总开关拉开。(1.0分)

○对　　　　　　　　○错

[判断题] 53. 防雷装置应沿建筑物的外墙敷设，并经最短途径接地，如有特殊要求可以暗敷。(1.0分)

○对　　　　　　　　○错

[判断题] 54. 在串联电路中，电路总电压等于各电阻的分电压之和。(1.0分)

○对　　　　　　　　○错

[判断题] 55. 几个电阻并联后的总电阻等于各并联电阻的倒数之和。(1.0分)

○对　　　　　　　　○错

[判断题] 56. 我国正弦交流电的频率为50Hz。(1.0分)

○对　　　　　　　　○错

[判断题] 57. 交流电每交变一周所需的时间叫作周期T。(1.0分)

○对　　　　　　　　○错

[判断题] 58. 导电性能介于导体和绝缘体之间的物体称为半导体。(1.0分)

○对　　　　　　　　○错

[判断题] 59. 在三相交流电路中，负载为三角形联结时，其相电压等于三相电源的线电压。(1.0分)

○对　　　　　　　　○错

[判断题] 60. 电动机在正常运行时，如闻到焦臭味，则说明电动机速度过快。(1.0分)

○对　　　　　　　　○错

[判断题] 61. 带电动机的设备在电动机通电前要检查电动机的辅助设备和安装底座、接地等，正常后再通电使用。(1.0分)

○对　　　　　　　　○错

[判断题] 62. 对电动机各绕组进行绝缘检查，如测出绝缘电阻不合格，不允许通电运行。(1.0分)

○对　　　　　　　　○错

[判断题] 63. 转子串频敏变阻器起动的转矩大，适合重载起动。(1.0分)

○对　　　　　　　　○错

[判断题] 64. 电气控制系统图包括电气原理图和电气安装图。(1.0分)

○对 ○错

[判断题] 65. 能耗制动方法是将转子的动能转化为电能，并消耗在转子回路的电阻上。(1.0分)

○对 ○错

[判断题] 66. 交流电动机铭牌上的频率是此电动机使用的交流电源的频率。(1.0分)

○对 ○错

[判断题] 67. SELV（Safety Extra Low Voltage，安全特低电压）只作为接地系统的电击保护。(1.0分)

○对 ○错

[判断题] 68. 选择RCD（Residual Current Device，剩余电流装置），必须考虑用电设备和电路正常泄漏电流的影响。(1.0分)

○对 ○错

[判断题] 69. 机关、学校、企业、住宅等建筑物内的插座回路不需要安装剩余电流动作保护装置。(1.0分)

○对 ○错

[判断题] 70. 剩余电流动作保护装置主要用于1000V以下的低压系统。(1.0分)

○对 ○错

[单选题] 71. 当电气火灾发生时，应首先切断电源再灭火，但当电源无法切断时，只能带电灭火，500V低压配电柜灭火可选用的灭火器是（ ）。(1.0分) （请在正确选项○中打钩）

○二氧化碳灭火器 ○泡沫灭火器 ○水基型灭火器

[单选题] 72. 熔断器的图形符号是（ ）。(1.0分)

○ ⊏▭⊐ ○ ▭ ○ ⊳|

[单选题] 73. 热继电器的保护特性与电动机过载特性贴近，是为了充分发挥电动机的（ ）能力。(1.0分)

○过载 ○控制 ○节流

[单选题] 74. 开启式开关熔断器组（俗称胶壳开关）在接线时，电源线接在（ ）。(1.0分)

○上端（静触点） ○下端（动触点） ○两端都可

[单选题] 75. 热继电器具有一定的（ ）自动调节补偿功能。(1.0分)

○时间 ○频率 ○温度

[单选题] 76. 人的室颤电流约为（ ）mA。(1.0分)

○16 ○30 ○50

[单选题] 77. 一般情况下220V工频电压作用下人体的电阻为（ ）Ω。(1.0分)

○500~1000 ○800~1600 ○1000~2000

[单选题] 78. （ ）仪表可直接用于交直流测量，但准确度低。(1.0分)

○磁电系 ○电磁系 ○电动系

[单选题] 79. 指针式万用表测量电阻时标度尺最右侧是（ ）。(1.0分)

○∞ ○0 ○不确定

[单选题] 80. 测量接地电阻时，电位指针应接在距接地端（　　）m的地方。(1.0分)

○ 5　　　　　　　　　　○ 20　　　　　　　　　　○ 40

[单选题] 81. 电容器可用万用表（　　）档进行检查。(1.0分)

○电压　　　　　　　　　○电流　　　　　　　　　○电阻

[单选题] 82. 特种作业操作证有效期为（　　）年。(1.0分)

○ 12　　　　　　　　　　○ 8　　　　　　　　　　○ 6

[单选题] 83. 按国际和我国标准，保护接地线或保护接零线应用（　　）线。(1.0分)

○黑色　　　　　　　　　○蓝色　　　　　　　　　○绿-黄双色

[单选题] 84. "禁止合闸，有人工作"的标志牌应制作为（　　）。(1.0分)

○白底红字　　　　　　　○红底白字　　　　　　　○白底绿字

[单选题] 85. 当断路器动作后，用手触摸其外壳，发现开关外壳较热，则动作的可能是（　　）。(1.0分)

○短路　　　　　　　　　○过载　　　　　　　　　○欠电压

[单选题] 86. 下列现象中，可判定是接触不良的是（　　）。(1.0分)

○荧光灯起动困难　　　　○灯泡忽明忽暗　　　　○灯泡不亮

[单选题] 87. 在易燃易爆场所使用的照明灯具应采用（　　）灯具。(1.0分)

○防爆型　　　　　　　　○防潮型　　　　　　　　○普通型

[单选题] 88. 尖嘴钳150mm是指（　　）。(1.0分)

○其绝缘手柄为150mm

○其总长度为150mm

○其开口为150mm

[单选题] 89. 导线接头的绝缘强度应（　　）原导线的绝缘强度。(1.0分)

○大于　　　　　　　　　○等于　　　　　　　　　○小于

[单选题] 90. 热继电器的整定电流为电动机额定电流的（　　）%。(1.0分)

○ 100　　　　　　　　　○ 120　　　　　　　　　○ 130

[单选题] 91. 导线接头缠绝缘胶布时，后一圈压在前一圈胶布宽度的（　　）处。(1.0分)

○ 1/3　　　　　　　　　○ 1/2　　　　　　　　　○ 1

[单选题] 92. 为避免高压变配电站遭受直击雷，引发大面积停电事故，一般可用（　　）来防雷。(1.0分)

○接闪杆　　　　　　　　○阀型避雷器　　　　　　○接闪网

[单选题] 93. 将一根导线均匀拉长为原长的2倍，则它的阻值为原阻值的（　　）倍。(1.0分)

○ 1　　　　　　　　　　○ 2　　　　　　　　　　○ 4

[单选题] 94. 确定正弦量的三要素为（　　）。(1.0分)

○相位、初相位、相位差

○最大值、频率、初相位

○周期、频率、角频率

[单选题] 95. 单极型半导体器件是（　　）。(1.0分)

○二极管　　　　　　　○双极型二极管　　　　　○场效应晶体管

[单选题] 96. 电动机在运行时，要通过（　　　）、看、闻等方法及时监视电动机。（1.0分）

○记录　　　　　　　　○听　　　　　　　　　　○吹风

[单选题] 97. 对电动机各绕组进行绝缘检查，如测出绝缘电阻为零，在发现无明显烧毁的现象时，则可进行烘干处理，这时（　　　）通电运行。（1.0分）

○允许　　　　　　　　○不允许　　　　　　　　○烘干后就可

[单选题] 98. 电动机（　　　）作为电动机磁通的通路，要求材料有良好的导磁性能。（1.0分）

○机座　　　　　　　　○端盖　　　　　　　　　○定子铁心

[单选题] 99. 新装和大修后的低压线路和设备，要求绝缘电阻不低于（　　　）MΩ。（1.0分）

○1　　　　　　　　　　○0.5　　　　　　　　　○1.5

[单选题] 100. 在选择剩余电流动作保护装置的灵敏度时，要避免由于（　　　）引起的不必要的动作而影响正常供电。（1.0分）

○泄漏电流　　　　　　○泄漏电压　　　　　　　○泄漏功率

参 考 文 献

［1］ 姚锦卫. 电工技术基础与技能［M］. 北京：机械工业出版社，2013.

［2］ 黎红，陈北南. 电工技术基础与技能［M］. 北京：机械工业出版社，2014.

［3］ 刘志平，苏永昌. 电工基础［M］. 2 版. 北京：高等教育出版社，2009.

［4］ 周德仁. 电工技术基础与技能［M］. 北京：机械工业出版社，2009.

［5］ 储克森. 电工技术实训［M］. 北京：机械工业出版社，2007.